돼지 아빠랑 원숭이 아들의

흰둥이랑
지구 한 바퀴

오영식 오태풍 지음

CONTENTS

#0

 프롤로그

나는 12살부터 소년 가장으로 자라 가족 여행을 가 보지 못했다. 그래서 어려서부터 '나중에 가족이 생기면 여행을 많이 가 봐야지.' 하고 생각했었고 결혼해 아들이 생겼다. 그런데 몇 해 전부터 아이의 엄마와 헤어져 아들과 단둘이 살게 됐고 생각했던 시기보다는 조금 더 일찍 아들과 여행을 가고 싶었다. 그리고 이왕이면 동심을 간직한 9살 아들의 모습을 온전히 느끼고 싶어 아주 멀리, 그리고 조금 오랫동안 단둘이 여행을 하고 싶었다. 어느 날 세계 지도를 펴 놓고 생각했다.

'남아메리카도 좋긴 한데 직항이 없어서…. 북아메리카는 미국에 총기 사고가…. 호주나 뉴질랜드는 좋긴 한데 너무 단조로울 것 같고…. 아프리카는 오래 있기에는 부담이….'

그래서 내린 결론은 어린 아들과 여행하기에는 자동차를 타고 유럽을 여행하는 게 안전하고 재미있을 것 같다는 생각을 했다. 그러던 중 우연히 유라시아 횡단을 하는 사람들에 관한 책과 유튜브를 보게 됐다.

'내 차를 타고 러시아에서 유럽으로? 아~ 이거다!'

여행에 대한 구상은 그렇게 시작됐다.

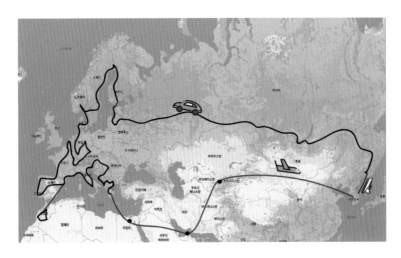

▲ 40여 개국 여행 경로

"태풍아, 우리 여행 가자."

"응, 가자! 아빠."

"어디 가려는지 알아?"

"아니."

"그런데 그냥 가자고 해?"

"난 그냥 아빠랑 가면 다 좋아."

"우리 자동차 타고 세계 여행 갈 거야."

"우와~ 진짜? 어떻게?"

"지금 우리가 타는 차를 러시아로 가져가서 거기에서 저 땅끝 포르투갈까지 우리 둘이 자동차 타고 여행할 거야."

"아빠, 이게 다 러시아야? 왜 이렇게 커?"

"그래, 러시아가 세계에서 가장 큰 나라거든. 그래서 거기를 지나가려면 시간이 오래 걸려. 우리 한 여섯 달 정도 아주 오래 갈 거야."

"그러면 학교는?"

"학교는 못 가지. 내년에 3학년 되면 돌아올 거야."

"옛쓰으~~"

"그렇게 좋아?"

"응, 아빠 빨리 가고 싶어."

우리 부자는 정확히 150일 동안, 아시아와 유럽 그리고 아프리카까지 총 40개국을 여행했다. 그중 자동차로 주행한 거리는 총 36,800km였으며, 국제노선 항공기를 총 8번 탔고, 여객선은 총 3번 이용했다.

① 준비 과정

당시 공무원 신분이던 나는 아들에 대한 육아 휴직 사용을 미리 사무실에 알렸다. 그리고 아들이 3학년에 올라가는 시기에 맞춰 퇴직 신청을 했다. 하지만, 의무 교육 대상인 초등학교 2학년 아들과 장기 여행을 하기 위해서는 일단 학교 문제를 해결해야 했다. 그래서 법에 익숙한 나는 우선 관련 법령과 규정부터 찾아봤다. 찾아보니 다음과 같은 내용이 있었다.

[초·중등교육법 시행령]

제45조 제1항1 초등학교의 한 학년 수업 일수는 190일 이상,

제50조 제2항 수업 일수의 3분의 2이상 출석할 경우 수료할 수 있다.

즉, 학교마다 연간 수업 일수의 2/3 이상 출석하면 기타 결석으로 인정되어 진급할 수 있었고, 또 학교마다 체험학습 일수를 더해서 여행을 갈 수 있었다. 그리고 지역교육지원청 장학사와 담임 교사를 통해 알아본 아들 학교의 연간 체험 학습 일수는 총 10일이었다. 우리 아들의 학교는

평일 기준 약 70여 일을 결석해도 다음 해에 귀국하면 다음 학년으로 진급할 수 있다는 걸 알 수 있었다.

그런데 만약 9월 말에 출발하면 1~2월 겨울 방학을 지나고 새 학년이 다시 시작되니 조금 더 오래 갈 수 있었다. 그래서 우리의 여행 출발 일자는 자연스럽게 2022년 9월 말이 되었다. 나는 바로 담임 선생님께 상담을 드렸고, 담임 선생님께서는 학생의 안전 여부에 대한 확인이 필요하니 매주 1회 이상 전화나 SNS로 확인을 해 달라고 하셨다. 이렇게 나와 아들의 준비는 완료되었다.

❷ 준비 물품

차량은 러시아 블라디보스토크 세관에서 따로 찾아야 해 내가 직접 가져가는 짐을 최소한으로 줄여야 했다.

자동차(2015년식 국산 SUV, 2륜), 차량 관련 서류, 영문 자동차 번호판, 국가 식별 마크(ROK), 국제 운전면허증, 여권 등 개인 서류, 타이어 수리 장비, 비상용 차 열쇠, 구급약, 침낭, 조리 도구, 식기류, 인덕션, 밥솥, 전기장판, 호신용품, 온도계, 계절별 의류, 태블릿 PC, 카메라, 드론, 보조배터리, 태극기, 기념품, 한국 양념류, 수영복, 구명조끼, 아쿠아 슈즈, 슬리퍼, 안경 여분, 선글라스, 모자, 비상금(한국 돈, 달러), 아들 생일 선물, 아들이 중간에 힘들어할 때 선물할 게임팩 5개, 그리고 가장 중요한 준비물로 혹시 내가 쓰러지거나 사고 났을 때를 대비한 아들에 대한 대사관 도움 요청 메모장(영어, 러시아어 번역) 등.

▶ 여행 준비 물품과 흰둥이

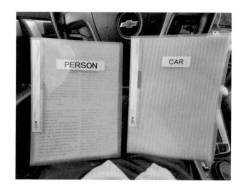

▶ 자동차와 개인 서류

　　그리고 가장 중요한 동해항에서 러시아 블라디보스토크로 가는 배편
을 출발 한 달 전에 예약했다.

❸ 제목 설명

▲ 사진 출처: SBS TV 동물농장

* **돼지 아빠, 원숭이 아들**: 아빠랑 단둘이 사는 데다 형제도 없는 아들이 안쓰러워 평소 둘이 있을 때 우리 부자는 정말 친구같이 지낸다. 그러던 어느 날, 아빠 껌딱지 같은 아들은 TV 동물 프로그램에서 나온 돼지 위에 올라탄 새끼 원숭이를 보고는 마치 '아빠와 자기' 같다며 그 후론 아빠를 돼지로 놀린다. 그리고 돼지 아빠는 애교와 장난이 많은 아들을 원숭이라고 부른다. 그렇게 우리 부자는 친구 같은 '돼지 아빠'와 '원숭이 아들'이 되었다.

* **흰둥이**: 2015년식 흰색 SUV 캡티바의 애칭으로 러시아에서 여행을 출발힐 때 아들이 지있다.

* **지구 한 바퀴**: 지구의 둘레는 약 40,000km이고, 우리 부자가 차를 인수한 러시아 블라디보스토크에서부터 차를 한국으로 보내기 위해 배에 선적한 그리스 아테네까지 흰둥이로 이동한 총거리가 36,800km, 약 '지구 한 바퀴'이다.

즉, 돼지 아빠, 원숭이 아들, 흰둥이라는 주인공 셋이 지구를 한 바퀴 돈 이야기이다.

Part 1

한국-화순,
여행의 시작은 하늘이 돕고 있었다

　지난 1년간 유튜브와 블로그 그리고 비슷한 경로로 여행한 선배님(?)들의 책을 몇 번씩 보고 주말마다 흰둥이(아들이 지은 한국 차의 애칭)와 차박 캠핑으로 실습을 했다. 모든 준비가 완벽하게 진행되었지만 딱 하나 걱정되는 게 있었다. 2022년 가을, 지금은 바로 코로나19 대유행 중이라는 사실. 혹시나 동해항에서 차를 보내고 탑승 전 검사 때 코로나19에 확진되면 격리로 인해 가지 못하는 상황이 생길 수도 있어 조마조마하며 지내던 중이었다.

　그런데 어느 날 '앗싸라비아?' 사무실에서 매일 보던 직원이 코로나19에 걸렸단다. 며칠 전에 직원들과 밥을 같이 먹었는데 그럼, 혹시 나도? 이제 여행 출발까지 한 달 정도 남았는데 기대 반(?) 걱정 반으로 검사를 해 보았더니 음성이었다. 하지만 다른 직원들은 양성 판정을 받은 사람들이 늘어 갔다. 나도 다음 날 다시 검사했더니 양성 판정을 받았고, 아빠와 단둘이 생활하는 우리 사정상 아들도 바로 하루 뒤에 양성 판정을 받았다. 그렇게 우리 부자는 단둘이 집에 격리된 채 부둥켜안고 일주일을 지냈다. 아들은 하루 정도 고열이 나긴 했지만 별 탈 없이 완쾌되었고, 우리는 '양성 확진자 타이틀'을 가진 채 안전하게(?) 여행을 준비할 수 있었다.

※ 양성 확진자에 대한 의학적 소견

양성 판정 후 회복된 사람은 60일 이내는 바이러스가 검출되어도 전염 가능성이 낮은 사람으로 분류돼 양성 확진자로 취급되지 않음.

우리 부자의 자동차 세계 여행은 이렇게 하늘이 돕고 있었다.

▲ 아들과 화순 제일초등학교에서(플래카드 지원 김재관)

Part 2

🔵 러시아-블라디보스토크(Vladivostok),
반갑다, 러시아!

출국 이틀 전인 2022년 9월 28일, 우리 부자는 전남 화순에서 흰둥이를 타고 출발했다. 동해에 가기 전 중간에 경북 안동에서 친구 형조를 만나 아들의 '게임 삼촌'을 만들어 줬고, 29일은 강릉으로 가 남극 세종과학기지에서 월동을 같이했던 동생 정해근 박사의 응원을 받으며 한국에서의 마지막 만찬을 즐겼다. 드디어 9월 30일, 우리는 코로나19 음성 확인서를 갖고 동해항에서 무사히 출항했고, 꼬박 하루가 걸려 다음 날 오후 늦게 러시아 블라디보스토크에 도착했다.

▲ 2022년 9월 30일 동해항에서 출국　　▲ 멀어져 가는 한국을 보며 작별인사

도착하니 러시아 사람들이 제일 먼저 내리고 그다음은 짐이 없는 승객, 우리처럼 찾을 짐이 있는 승객은 하선 순서가 가장 마지막이라 우리가 내릴 때는 날이 벌써 어둑어둑해져 있었다. 그리고 그간 유라시아 횡단을 하는 사람들의 유튜브를 많이 봤지만, 여객선 터미널에서 짐을 찾는 영상이 없었던 이유를 배에서 내려 보니 알 수 있었다.

짐을 찾으려고 내려간 곳은 완전 아수라장이었다. 여기저기 자기 짐을 찾으며 부르는 소리에 무질서하게 줄을 서서 계단을 몇 번 올라가야 출입국 심사장과 세관을 만날 수 있었다. 나와 아들은 우선 서둘러 여기저기 흩어져 있는 짐을 찾아 한곳에 세워 두었다. 그리고 나는 큰 배낭을 메고 이민 가방 2개, 캐리어 등 6개로 나뉜 총 100kg가량의 짐을 혼자서 계단으로 옮기는데 아무도 도와주지 않았다. 그래서 심사장에도 가기 전에 기진맥진해져 도저히 유튜브용 촬영을 할 수가 없었다.

'아, 이래서 입국장 수화물 찾는 장면은 다른 유튜버들도 영상이 없었구나~'

▲ 블라디보스토크 도착 후

그렇게 땀을 뻘뻘 흘리며 무뚝뚝한 출입국 심사장 공무원과 세관을 통과하고 나니 벌써 저녁 8시가 넘어 있었다. 첫날의 어려움을 어느 정도 예상해 숙소를 한인 게스트하우스로 예약했는데 그나마 천만다행이었다. 숙소 안내자가 나와서 택시를 기다리며 또 한참의 시간이 흐르고…. 숙소에 도착하니 숙소는 계단을 두 번이나 올라야 하는 2층에 있어서 또 좌절하고 나서야 간신히 밤 9시가 넘어 체크인을 할 수 있었다.

아~ 반갑다! 러시아!

 러시아-블라디보스토크(Vladivostok),
불친절한 러시아 공무원

　도착 다음 날은 토요일이라 아들이랑 해양 공원과 도심지 관광을 하며 푹 쉬고 월요일 아침에 차량 통관을 대행해 줄 GBM 사무실에 찾아갔다. 그곳엔 우리와 함께 동해항에서 차를 싣고 오신 백진수 형님과 러시아인 형수님도 와 계셨다. 대행사 직원은 세관에 가야 한다며 우리를 데리고 세관까지 걸어갔다. 쌀쌀한 날씨에 9살 아들과 아침부터 30여 분을 걸었다. '이럴 거면 처음부터 세관으로 오라고 하지.' 하고 속으로 원망했지만, 러시아에서는 어린이라도 한 30분 정도 걷는 건 기본인지 대행사 직원은 전혀 미안해하지도 않았다.

　그렇게 힘들게 세관에 갔지만, 분위기를 보아하니 우리는 별로 필요가 없었던 모양이다. GBM 직원과 세관 공무원이 몇 마디 얘기하는데 공무원이 상당히 권위적이었다. 그리고 몇 마디 나누는 거 같더니, "이제 가도 된다."라고 말했다. 대행사 직원은 세관 공무원에게 질문도 제대로 하지 못하는 것 같았다. 그냥 세관에서 오라면 오고 가라면 가는 '갑, 을, 병'의 '병'쯤은 되는 처지였다.

▶ 백진수 형님 부부

'그럼 우리는?'

답답한 마음을 백진수 형님네 부부와 얘기도 하고 점심을 먹으러 해양
공원에 있는 식당으로 갔다. 조지아 전통음식을 파는 나름 유명한 〈수프
라〉라는 식당이었다. 음식도 싸고 정말 맛있는 곳이었다. 매시간 아니 한
30분에 한 번씩 전통 공연을 해 아주 재밌게 체험하고 그간 쌓였던 피로
를 풀었다. 그리고 이날은 음식도 백진수 형님께서 사 주셨다. 역시 사람
은 맛있는 음식을 먹으면 스트레스가 풀리나 보다. 누가 블라디보스토크
에 관해 물어보면 꼭 한마디는 해야겠다.

"블라디보스토크에 가면 이 식당은 꼭 가야만 해~"

▲ 조지아 전통 음식들

▲ 조지아 전통 의상

러시아-블라디보스토크(Vladivostok),
산 넘어 산

▲ 러시아 세관에서 차량 인수

▲ 타이어와 월동 장비 준비 후

　10월 6일 목요일, 러시아 도착 6일 만에 세관으로부터 차를 인수했다. 우리는 고맙게도 블라디보스토크의 유명한 한식당 〈명가〉 사장님의 도움을 받아 겨울용 타이어를 싸게 교체하고 러시아에서 월동에 필요한 물품을 준비할 수 있었다. 이제 출발 준비는 끝났고, 더 큰 준비, 아니 가장 중요한 준비를 해야 하는데 벌써 저녁 8시가 다 되어 있었다.

　내일은 세상에서 가장 사랑하는 우리 아들의 9번째 생일이라 생일 케이크와 초를 사야 한다. 그런데 벌써 날이 어두워져 빵을 파는 곳이 모두 문을 닫을까 서둘러 빵집을 찾았지만, 우리나라처럼 빵집이라고 모두 케이크를 파는 게 아니었다. 5곳의 빵집을 찾아갔지만, 모두 케이크는 팔지 않았다.

'큰일이다. 벌써 9시인데 모두 문을 닫으면 어떡하지?'

아들은 결국 케이크를 못 살 것 같다고 느꼈는지 눈물을 글썽이고 다리도 아파했다. 인터넷으로 빠르게 검색해 봤지만 가는 곳마다 케이크는 팔지 않았다. 행인에게도 물어봤지만 아는 사람이 없었다. 나는 순간 대형 마트가 생각이 나 서둘러 가 보니 다행히 케이크가 있었다. 아들도 그제야 표정이 밝아졌다.

서둘러 사고 계산하려는데 생각해 보니 초를 못 샀다. 다시 몇 바퀴를 돌며 보는데 이번엔 초를 찾을 수 없었다. 직원에게 물어보니 한쪽 귀퉁이에 있는 투박한 양초 같은 초를 보여 줬다. '이거라도 어디냐.' 하고 주워 들어 계산하려는데 생각해 보니 숙소에는 전기레인지밖에 없고 초에 불을 붙일 라이터가 없었다. 다시 매장으로 가서 라이터를 찾는데 이번에는 라이터를 찾을 수 없었다.

'아…! 이런 걸 산 넘어 산이라고 하나 보다.'

어렵게 생일 케이크를 샀더니 초가 없고, 초를 샀더니 라이터가 없는, 하나부터 열까지 모두 힘든 상황에 출국한 지 일주일도 안 돼 이젠 나도 지쳐 버렸다. 그렇게 힘들게 모두 준비하고 숙소에 돌아왔다. 서둘러 아들이 좋아하는 떡볶이를 해서 맛있게 먹으며 아들과 일기를 쓰는데 아들이 쓴 일기를 보니 너무 귀여워 하루의 피로가 싹 가셨다.

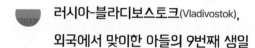 러시아-블라디보스토크(Vladivostok),
외국에서 맞이한 아들의 9번째 생일

태풍이 일기

갑자기 한식당 〈명가〉 사장님이 도와주러 오셨다. 나는
오늘 아빠랑 명가 사장님이랑 차 타이어를 바꾸러 갔다. 그
리고 차 이름을 지었다. 바로 흰둥이였다. 정말 좋았다. 오
늘은 또 케이크를 사러 갔다. 오늘은 정신이 없었고 아빠랑
나랑 힘들었다. 그래도 내일은 내 생일이다. 정말 설렌다.
내일은 어떤 날인지 궁금하다. 나는 기대를 하겠다.

오늘은 아들의 9번째 생일이다. 아침에 생일 파티를 하고 오후에는 유라시아 대륙 횡단을 시작한다. 그래서 생일 파티는 아침에 하기로 했었다. 아들이 아직 꿈나라에 있는 동안 나는 밥과 미역국을 끓이고 생일 케이크까지 준비를 마쳤다.

"생일 축하해, 우리 아들~"

"…"

아들 표정이 뾰로통하다. 생일 선물이 뭘까 기대하는 거 같기도 하고…

"오늘 생일인데 얼른 가서 예쁘게 씻고 나서 밥 먹자."

아들이 씻을 동안 나는 생일 선물을 미리 준비(?), 아니 숨겨 놓았다.

"생일 축하합니다~ 사랑하는 우리 태풍이~"

생일 축하 노래를 부르고 아들이 촛불을 껐다.

"태풍아, 아빠가 우리 태풍이 얼마나 사랑하는지 알지? 우리 태풍이 아빠가 세상에서 제일 아주 아주 많이 사랑해! 생일 축하해~ 잠깐만, 아빠가 선물 가져올게~ 짠~"

나는 뒤에 감춰 두었던 초코파이 하나를 꺼내 아들에게 주었다.

"사실은 아빠가 한국에서 올 때 짐이 많아서 태풍이 선물을 못 가져왔어. 대신 이거 받아 줄 수 있겠어?"

"응, 고마워~"

아들은 내 앞에서 미소를 짓고는 아무렇지 않게 초코파이를 받았다. 나는 아들이 실망(?)하고 있을 때 조용히 뒤로 돌아가 진짜 선물을 가져와 다시 아들에게 주었다.

"짠~ 사실은 아빠가 놀라게 해 주려고 한 거야. 이게 진짜 선물이지~" 하며 진짜 선물로 게임기를 주니 아들은 입이 귀에 걸려 내려올 줄 몰랐다.

"아빠, 고맙습니다~"

다음 날 새벽 혼자 유튜브 영상을 편집하며 알았다. 아들은 어려서부터 아빠와 엄마가 실망하는 게 싫어 투정도 부리지 않고 항상 웃으며 이해하는 긍정적인 아이로 자라 오히려 가슴이 아팠었다. 오늘도 내가 초코파이 선물을 주고 진짜 선물을 가지러 간 사이 아들은 입을 삐죽하며 한숨을 쉬고 실망해 있었다. 그렇게 속상해도 아빠 앞에서는 웃음을 지어 보이는 아들 모습에 너무나 가슴 아프기도 하고 또 예뻐 보였다. 우리 아들은 그런 아이이다. 그리고 오늘은 바로 그런 소중한 아들을 만난 날이다.

"아빠 만나러 와 줘서 고마워, 아들~"

◀ 러시아에서 맞은
아들의 9번째 생일날

러시아-블라디보스토크(Vladivostok),
카우치 서핑 특별 대사 로만의 깜짝 선물

오후에 삼베리 마트에 가서 여행에 필요한 음식과 물품을 사고 우리를 초청한 로만네 집으로 이동했다. 행정 구역상 블라디보스토크지만 조금 외곽에 있는 주택가였다. 구글 지도로 근처까지는 찾아갔지만, 우리나라와 아파트 구조가 달라 근처에서 헤매다 간신히 집에 들어갈 수 있었다. 아파트 단지였지만, 외부에서 보기에 아주 아주 오래된 아파트였고, 하필 우리가 방문했을 때는 엘리베이터가 수리 중이어서 9층까지 계단으로 걸어 올라갔다. 집에는 남편 로만 씨만 혼자 있었고, 조금 지나니 두 딸과 아내 타니야가 왔다.

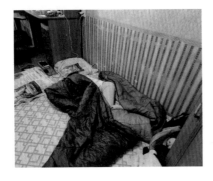

부부와 두 딸이 사는 평범한 러시아 서민의 가정이었다. 현관에서 인사하고 로만 씨가 우리에게 잘 방을 안내했는데 나는 당황한 표정을 감추느라 혼이 났다. 우리가 하루 동안 잘 방은 문이 없고

그냥 허름한 커튼으로 가려져 있었다. 그리고 방과 주방, 그리고 화장실이 한국의 시골에서도 살림이 넉넉지 못한 집처럼 아주 허름했다.

나는 순간 아들이 불편할까 너무 미안했다. 당황한 마음을 감추고 애써 밝게 감사 인사를 하고 방에서 잠깐 쉬려는데 로만 씨가 자기 PC에서 무언가를 보여 줬다. 지금까지 자기 집에서 카우치 서핑을 한 전 세계의 손님들을 국적에 따라 세계 지도에 표시해 놓고 정리한 자료였다. 로만 씨의 말에 따르면, 전 세계에서 200명이 넘는 손님이 이 집에서 묵고 갔다고 했다. 그리고 한국인도 20명 넘게 왔었다고 했다. 사실 조금 불안한 감정이 있었는데 안심이 됐다. 조금 뒤 나는 방에서 아들과 첫째 딸 마야가 닌텐도 게임을 함께 하게 했다.

"아빠 뭐라고 해?"

"게임 같이 하자는 말이 영어로 Let's play a game이야. 영어는 못 할 수도 있는데 그냥 game이라고 하면 알아들을 거야."

"아빠가 말해 줘."

"아니, 태풍이가 말해 봐. 못 알아들으면 그냥 손짓, 발짓으로 하면 돼."

"Game? Game?"

"OK."

아들은 태어나서 처음 외국 어린이와 함께 놀았다. 그리고 잠시 뒤, 로만 씨가 직접 차린 현지 가정식을 온 가족이 함께 먹었다. 메뉴는 쌀밥과 파스타 종류였는데 간을 거의 하지 않고 싱겁게 먹는 게 새로웠고, 또 덩치가 큰 러시아인들과는 어울리지 않을 정도로 아주 적게 먹는 것도 신기했다.

'이렇게 적게 먹는데 러시아인들은 왜 이렇게 키가 클까?'

저녁을 먹고 방에서 아들과 잠시 쉬며 아들한테 얘기했다.

"태풍아, 오늘이 생일인데 오늘은 호텔에서 잘 걸 그랬나? 안 불편해? 화장실도 그렇고 밥도 조금밖에 못 먹었잖아."

화장실도 처음 만난 다른 사람들이랑 같이 써야 하고 여러모로 불편할 것 같아 아들에게 물었더니 천진난만한 아들은 생글생글 웃으며 대답했다.

"아냐, 난 아빠랑만 있으면 아무 데나 괜찮아."

순간 나도 모르게 유명한 만화 노래 생각이 났다.

'어른들은 몰라요. 어른들은 몰라요. 함께 있고 싶어서 그러는 건데~'

그렇다. 아이들은 고급 호텔과 비싼 음식보다도 아빠, 엄마와 함께 있는 게 최고인, 항상 사랑에 배고파하는 존재란 걸 다시 깨달았다.

로만네 집에 오기 전, 로만 씨가 원한 손님의 의무 사항이 딱 하나 있었다. "혹시 일행 중 생일이나 기념일이 있다면 꼭 미리 얘기해야 한다."라는 것. 그래서 혹시나 말을 안 하면 안 되는 상황인 거 같아 오늘이 아들 생일이라고 조심스럽게 미리 말한 상태였는데, 저녁을 다 먹고 조금 지나자 로만 씨가 직접 구운 빵에 촛불을 켜 깜짝 생일 파티를 해 주었다.

▲ 로만 씨가 직접 만들어 준 생일 케이크

아무것도 모르는 아들보다도 내가 더 감동했다. 방문도 없는 낡고 허름한 집에 충격과 실망과 불안을 느꼈던 내가 너무 초라해지는 순간이었다. 역시 세상은 보이는 게 다가 아니라는 걸 느꼈다. 로만네 가족은 그렇게 누구보다도 따뜻한 마음을 가진 사람이 사는 행복한 가족이었다.

"로만, 볼쇼이 스파시바(대단히 고맙습니다)!"

▲ 로만 씨네 가족과(오른쪽부터, 타니야, 에밀리아, 마야, 로만)

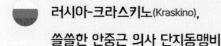 러시아-크라스키노(Kraskino), 쓸쓸한 안중근 의사 단지동맹비

이번 여행을 준비하며 삼은 첫 번째 목표는 아들과의 추억, 두 번째 목표는 역사 유적 방문을 통한 아들의 현장 교육이었다. 블라디보스토크와 우수리스크 지역은 과거 연해주라 불리며 항일 독립운동의 중심지로서 많은 독립투사의 흔적을 볼 수 있는 곳이기에 여행을 출발할 때 가장 먼저 방문을 계획한 곳이 바로 '크라스키노'였다. 블라디보스토크에서 230km 정도 떨어진 가까운 거리이기도 하고, 안중근 의사가 손가락을 자르며 동지들과 함께 맹세한 것을 기념하는 '단지동맹비'가 있는 뜻깊은 곳이어서 아들과 함께 가려고 계획했었다.

로만 가족과 작별 인사를 하고 나와 근처에 있는 꽃집으로 가서 국화를 샀다. 크라스키노로 가는 길은 시베리아 횡단 도로와는 반대 방향인 북한 쪽으로 가는 길이라 그런지 비포장 구간이 많고 거리에 비해 시간이 오래 걸렸다. 중국과 북한 국경에서 10km밖에 떨어지지 않은 가까운 거리라 그런지 중국어 간판과 중국인들이 많이 보였고 국경에 가까워질수록 도로 상태는 최악이었다. 그냥 가끔 있는 포트 홀 수준이 아니라 아예 '지진이 났던 게 아닌가?' 의심될 정도로 바닥이 깨지고 무너진 구간이 아주 길게 이어졌다.

크라스키노 근처에 도착해 늦은 점심을 먹고 단지동맹비가 있는 곳으로 갔다.

"태풍아, 여기가 안중근 의사랑 관련된 단지동맹비라는 기념물이 있는데야. 안중근 의사가 누군지 알아?"

"응, 일본이랑 싸운 좋은 사람. 그런데 여기를 왜 왔어?"

"옛날에 일본이 우리나라를 괴롭힐 때, 안중근 의사가 일본이랑 싸우기 전에 다른 사람들이랑 다짐하면서 손가락을 잘랐는데 그걸 단지동맹이라고 하거든? 여기가 그걸 국민에게 알려 주려고 단지동맹비라는 비석을 세워서 만든 공원이거든. 여기서부터 우리 여행을 시작하고 싶어서 태풍이랑 같이 왔어."

"손가락을 왜 잘랐어?"

"응, '우리나라를 일본으로부터 되찾아 독립할 수 있게 우리 다 같이 뭉치자.' 이런 마음으로 손가락을 잘라서 '대한독립'이라고 글자를 썼었대."

"진짜? 아팠겠다. 그런데 왜 여기 아무도 없는데 이런 게 있어?"

"그러게 직접 와 보니까 너무 사람이 없고 쓸쓸하다. 우리 아까 사 온 꽃 헌화하고 같이 묵념하자. 안중근 의사님한테 인사드려야지."

"응, 나도 할래."

단지동맹비 묵념 ▲   단지 비석 앞 헌화 ▲

　이곳 크라스키노로 오는 길은 지금 자동차로 운전해도 멀고 험한데 그 옛날엔 어땠을까? 허허벌판에 도로라고는 구멍이 뻥뻥 뚫린 편도 1차로에 시속 60km 이상 달릴 수가 없고 주변엔 온통 중국 말만 들리는 러시아-북한-중국 3개국의 국경 근처 외딴곳 크라스키노. 조금이나마 과거 안중근 의사의 외로움을 아들과 함께 느낄 수 있었다.

 러시아-우수리스크(Ussuriysk),
아빠의 대참사는 곧 아들의 포복절도

어제는 우수리스크 호텔을 찾다 전통 사우나 시설인 '반야(Banya)'가 있는 숙소가 있어 예약했었다. 그래서 오늘 호텔에 도착해 체크인을 하고 바로 그 반야를 체험하러 갔다.

러시아 반야 이용 방법은 우리나라 목욕탕과는 조금 달랐다. 반야는 입구에서 입장료를 내고 목욕 가운과 수건, 슬리퍼를 받아서 탈의실로 들어가면, 옷을 벗고 가운을 입고 성별 사우나 시설로 들어간다. 그리고 물에 들어가거나 샤워할 때만 벽에 가운을 걸고 이용한다. 즉, 우리나라처럼 옷을 다 벗고 사우나에 가는 게 아니라 가운을 입고 가는 게 가장 큰 차이점이었다.

하지만, 우리가 간 날은 평일 낮이라 그런지 다른 사람이 아무도 없었고, 이용 방법도 모르던 우리는 누굴 따라 할 수가 없었다. 나는 일단 옷을 벗기 전 탈의실과 사우나 시설을 둘러보고 동선을 파악했다. 탈의실에서 오른쪽 통로로 나가면 지하 사우나로 내려가는 계단이 있고, 반대편인 왼쪽 통로로 나가면 호텔 레스토랑에 나가서 식사나 음료를 먹을 수 있는 구조였다.

물어볼 사람도 없어 여기저기 바쁘게 돌아다니는데 아들은 신이 나서 빨리 가자고 벌써 옷을 다 벗고 한쪽 벽에 기대 보채고 있었다. 나도 서둘러 옷을 벗고 일단 가운 두 벌을 손에 들고는 아들에게 조용히 좀 하라며 다그쳤다.

"태풍아, 좀 조용히 해 봐. 아빠, 정신없어."

그리고 나는 아들이 서 있던 벽을 따라 통로로 나갔다.

"아!"

나는 이 외마디밖에 할 수 있는 게 없었다. 사우나로 가는 오른쪽 통로로 가야 하는데 정신이 없어 가운을 손에 들고 벌거벗은 채 호텔 레스토랑으로 활짝(?) 나아가 버렸다. 한 1~2초 정도 되는 아주 짧은 순간이지만 나는 그 순간 너무 많은 직원과 레스토랑 손님의 눈알을 마주쳐 버렸다.

'망했다!'

"태풍아, 너 왜 여기에 서 있었어? 아빠 정신이 없어서 네가 서 있는 쪽이 목욕탕인 줄 알고 그냥 나갔잖아. 여기 식당이야. 아빠, 여기 직원이랑 손님들 벌거벗고 다 봤어. 어떡해?"

"까르르르르~~~~"

"웃지 말고 아빠 좀 정신없게 하지 마. 제발~"

"아이고, 배야~~~"

아들은 바닥을 데굴데굴 뒹굴며 배에 경련을 일으킬 정도로 재밌다고 웃었다. 우수리스크에 고려인이 많다던데 이 호텔에는 한국인이 잘 안 오는지 프런트와 사우나 입장을 할 때 직원과 대화하느라 애를 먹었는데, 그 덕분에 아마도 이 호텔 전 직원이 여기에 한국인 부자가 묵고 있다는 사실을 알고 있었을 것이다. 나는 그렇게 우수리스크의 러시아인들에게 위풍당당(?) 한국인으로 기억될 것이다.

그래. 아빠는 창피하지만 넌 이제 죽을 때까지 '우수리스크' 하면 '아빠가 벌거벗고 식당으로 나간 도시'로 즐겁게 기억할 수 있겠네. 그럼 됐지, 우리 아들~

▲ 문제의 반야 탈의실(옷장 좌측이 식당 통로, 우측이 사우나 통로)

태풍이 일기

나는 오늘 아빠랑 호텔에 있는 사우나에 갔다. 러시아에서는 사우나를 반야라고 한다고 했다. 아빠는 옷을 다 벗고 호텔 식당으로 들어갔다. 너무 재밌었다. 호텔에 한국 사람은 우리밖에 없어서 직원들이 아빠랑 나를 다 안다고 했다. 너무 재밌어서 한참 웃었는데 아빠한테 혼이 났다. 그만 웃으라고 했는데 계속 웃어서 혼났다. 그래도 재밌는 날이었다.

러시아-하바롭스크(Khabarovsk), 어지러운 증상의 시작

　우수리스크에서 하바롭스크 숙소까지의 거리는 678km, 내가 태어나 지금껏 하루 동안 운전한 거리로는 가장 긴 구간을 오늘 가야 한다. 아침을 먹고 출발했는데 얼마 가지 않아 눈앞이 핑 돌기 시작해 급하게 차를 갓길에 세우고 눈을 마사지했다. 그러자 뒷좌석에 앉아 있던 아들이 말했다.

　"아빠, 나랑 게임 할래?"

　"아니, 태풍아. 오늘 아빠 운전 많이 해야 해서 빨리 가야 해. 숙소 가서 놀자. 지금 아빠 어지러워서 잠깐 세운 거야."

　한 5분 정도 앉아서 스트레칭도 하고 마사지를 좀 했더니 괜찮아졌다. 다시 운전을 시작해 가고 있는데 30분도 되지 않아 같은 증세가 나타났다. 어린 시절 놀이터에서 많이 타던 놀이 기구 중에 '뺑뺑이'라고 그냥 뱅글뱅글 돌기만 하는 기구가 있었다. 마치 그 기구를 한 50바퀴쯤 돌고 나서 서 있을 때 같은 그런 어지러운 증상이었다.

　'아! 어떡하지?'

　급히 차를 갓길에 세우고 다시 눈을 감았다.

　돼지 아빠와 원숭이 아들의 흰둥이랑 지구 한 바퀴

"아빠, 차 왜 세웠어? 나랑 게임 하자."

"…"

'이런 공감 능력 없는 아들 같은 녀석아!'

아빠는 지금 위험한 상황인데 계속 게임 타령을 하는 걸 보고는 '이래서 다들 아들보다 딸이 좋다고 하나?'라는 감정을 처음 느꼈다.

"태풍아, 아빠 지금 너무 어지러워서 잠깐 쉬는 거야."

한 번만 더 증상이 나타나면 그냥 차를 돌려 가장 가까운 숙소에 가서 쉬자고 생각하고 10분쯤 눈을 감고 있었다. 다행히 그 뒤로는 증상이 없었고, 서둘러 하바롭스크까지 남은 거리를 운전해 숙소에 안전히 도착했다.

'내 몸아, 딱 1년 만이라도 버텨다오!' 모든 신께 빌며 잠이 들었다.

하바롭스키 가는 길 ▶

 러시아-벨로고르스크(Belogorsk),

지금 우리는 러시아에서 아날로그 여행 중

▲ 하바롭스크 아무르강변

하바롭스크에서도 아침에 잠깐 어지러운 증상이 있긴 했지만, 침대에 잠깐 누워 눈을 감고 있으니 증상이 없어져 아들과 아무르강 근처 놀이공원에 가서 2인용 자전거도 타고 재밌게 놀았다.

　당분간 운전을 무리하지 않기로 해 숙소를 2시간 30분 거리의 비로비잔으로 정했는데 금방 주유소가 있을 줄 알았지만, 하바롭스크에서 110km를 주행하는 동안 주유소는커녕 사람 사는 마을도 안 보였다. 그래서 출발하고 과자를 사 달라는 아들한테 "응, 주유소 나오면 사 줄게." 하고 110km를 내리 달려왔다. 비로비잔이란 도시는 아직 지리상 시베리아로 분류되지는 않는 지역이었다. '그럼, 시베리아는 도대체 어떻길래?'

나는 이미 시베리아의 존재에 압도되어 버렸다.

비로비잔 숙소에 도착해 하루 푹 쉬고 다음 날은 480km 거리인 벨로고르스크까지 가기로 했다. 비로비잔에서 300km 주행 후 180km 정도 남겨 놓고 트럭 휴게소에서 아들과 라면을 끓여 먹었다.

▶ 시베리아 횡단도로 트럭휴게소

"아빠 트럭이 왜 이렇게 커?"

"응, 러시아는 땅이 엄청 크니까 서쪽에서 동쪽으로 짐을 옮길 때 이런 큰 트럭을 많이 이용하거든. 근데 한 번에 많이 옮겨야 하니까 우리나라보다 훨씬 큰 거야"

러시아는 정말 거대한 땅덩어리만큼이나 트럭도 아주 컸다. 시베리아로 들어갈수록 일반 승용차는 많지 않은데 이런 트럭은 자주 볼 수 있었다. 가히 시베리아 횡단 도로는 트럭을 위한 도로라고 할 수 있을 것 같았다. 지난번 하바롭스크까지는 시간대가 한국보다 1시간 느렸었는데 이제부터는 1시간 빨라져 한국과 시간이 같아졌다.

이제 숙소까지 얼마 남지 않은 걸 보고는 일찍 도착해 그간 비포장도로 주행으로 더러워진 차를 세차하기로 했다. 그런데 구글 지도 정보와는 다르게 어렵게 찾아간 세차장은 가는 곳마다 쉬는 날이거나 영업 종료 시간이 지나 있었다. 결국, 세차는 하지도 못하고 시간만 보내고 호텔로 찾아갔으나, 호텔도 세 곳이 모두 만실이었다. 나는 점점 초조해졌다.

'난감하다. 이제 해도 지고 여긴 큰 도시가 아니라 호텔이 많지 않은데…'

저녁 8시가 다 돼 간신히 한 곳에 체크인을 하고 서둘러 아들과 씻고 저녁을 먹었다. 러시아 도착 첫날 짐을 찾을 때만큼 힘들었던 하루였다. 평소 같으면 숙소와 웬만한 식당, 세차장 등 대부분의 정보는 구글 지도에서 확인 후 바로 예약할 수 있는 편리한 세상이다. 하지만, 2022년 지금 러시아는 우크라이나와의 전쟁으로 인해 다양한 분야에 걸쳐 국제 제재를 받고 있어, 카드 결제와 현금 인출도 안 되고, 일상생활 전반에 걸쳐 인터넷을 통한 정보 활용은 제약이 많다. 게다가 이곳은 영어가 전혀 통하지 않는 국가이고 심지어 문자도 알파벳이 아닌 한국인에게는 낯선 키릴문자를 쓰는 나라이다. 우리 부자는 러시아어를 모르는 사람에게는 여행하기 최악의 시기에 러시아를 횡단하고 있었다.

예를 들면 인터넷도 쓸 줄 모르는 아프리카 원주민 부자가 강원도 산골 마을을 여행하고 있다고나 할까? 그 덕에 나는 가는 곳마다 몸이 고생하며 단순한 일 처리도 시간을 배로 소비할 수밖에 없었다. 우리 부자는 70~80년대처럼 아날로그 삶을 체험하며 한 발 한 발 나아가고 있었다.

태풍이 일기

오늘은 아빠랑 트럭 휴게소에서 라면을 끓여 먹었다. 캠핑하는 기분이 나서 좋았다. 옆에는 엄청 큰 트럭들이 많이 있었다. 아빠가 러시아는 땅이 커서 물건을 나르려면 시간이 오래 걸린다고 했다. 그래서 한 번에 많은 짐을 옮기려고 트럭이 큰 거라고 했다. 러시아는 정말 큰 나라인가 보다. 오늘은 도착해서 세차장이랑 호텔을 찾느라 시간이 오래 걸렸다. 그래도 러시아 트럭도 보고 재밌었다.

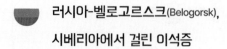 러시아-벨로고르스크(Belogorsk),
시베리아에서 걸린 이석증

이번 여행 중 항상 새벽 4시부터는 유튜브 영상 편집, 7시부터는 아침 준비, 9시부터는 운전과 촬영, 18시 무렵 숙소 도착 후엔 저녁 준비, 20시엔 아들과 게임 그리고 22시 취침이 일상인 나는 여느 때처럼 새벽에 눈을 떴다. 그런데 '앗! 온 세상이 빙글빙글 돈다.' 몸을 일으켜 균형을 잡아 보려는데 서 있을 수가 없었다. 시간이 조금 지나니 어지러워서인지 구토까지 나오려 했다.

'큰일이다.'

다시 자리에 누워 눈을 감았다. 그렇게 다시 억지로 잠을 청했는데 아침에 아들이 나를 깨웠다.

"아빠, 배고파."

"어, 그래. 아빠가 새벽에 일어났었는데 너무 어지러워서 다시 잤어. 그런데 지금도 너무 어지럽네…"

어지러운 몸을 간신히 균형 잡고 일어나 비상식량을 챙겨 아들에게 먹이곤 다시 자리에 누웠다. 안 그래도 요 며칠 잠깐씩이긴 했지만 하루에 몇 번씩 어지러운 증상이 있어 어제 숙소에 체크인을 할 때 직원에게 '근처에 병원은 있는지' 혹시 '구급차를 부르면 몇 분 만에 오는지' 등을 물어봐 놓았던 차였다. 큰 병원은 1시간 이상 가야 하고 의원은 숙소 바로 길 건너에 있다는 점은 미리 알고 있었기 때문에 9시에 길 건너 의원에 갈 생각이었다. 어린아이와 단둘이 여행하다 보니 큰 일정뿐만 아니라 작은 동선과 여행지 정보까지 혼자 챙겨야 할 것들이 많았다. 그렇게 신경 쓸 게 많아서였을까? 평생 아파서 병원에 간 적이 몇 번 안 되는 튼튼한 몸이었는데 이 먼 타국에서 병원 신세를 져야 한다니.

9시가 되고 아들에게 기대며 길 건너 의원으로 갔다. 전문 분야는 산부인과인 거 같았다. 기다리다 진료를 받았지만, 산부인과가 전문인 의사는 나를 뇌졸중 증상으로 보는지 계속 혈액 순환과 다른 신경계 증상을 테스트했다.

'전문 지식이 없는 내가 봐도 이건 분명 뇌졸중은 아닌 것 같은데…'

아무튼, 다 테스트하더니 정상인 거 같다고 더 자세히 보고 싶으면 내일 다시 와서 혈액 검사를 해 보자고 했다. 나는 일단 알았다고 대답하고 숙소로 돌아왔다.

이곳은 한국에서 누군가가 나를 도우러 온다 해도 3~4일은 족히 걸리는 거리이다. 지금은 우리나라와 러시아 간 항공편도 폐쇄되었고, 배편은 매주 금요일 1회밖에 운항하지 않는다. 또 어렵게 블라디보스토크에 도착한다 해도 이곳까진 육로로 1,500km 정도 떨어진 거리.

'큰일이다. 이 도시는 물론 이 근처에도 아는 사람 한 명 없는데 이러다 혹시 정말 쓰러지기라도 하면 어쩌지?'

그 순간 동해항에서 블라디보스토크까지 차를 함께 싣고 온 백진수 형님이 생각났다. 형수님이 러시아 사람인데 우수리스크 근처가 처가여서 당분간 그쪽에 계실 거라고 하셨던 게 생각이나 지푸라기라도 잡는 심정으로 형님에게 전화했다.

"형님, 안녕하세요?"

"아! 잘 있지? 영상(유튜브) 잘 보고 있어."

"고맙습니다. 그런데 다름이 아니라 제가 지금 벨로고르스크인데 이석증에 걸린 거 같아요. 너무 어지러워서 구토도 하고 몸을 전혀 못 움직이겠어요. 근데 혹시 무슨 일 생길까 봐 연락드릴 데가 없어서 연락드렸어요, 형님."

"아, 그래? 걱정하지 마! 아들한테도 내 전화번호 알려 주고 혹시나 무슨 일 있으면 전화하라고 해. 아내랑 같이 교대로 운전하면 금방 가니까. 전화해!"

말뿐일지라도 정말 마음의 짐을 절반은 내려놓을 수 있었다. 백진수 형님의 부친은 과거 기상청 고위직을 지내신 분으로 형님의 아버님과 나는 직장 대선배님과 후배 사이였다. 그리고 어린 시절 미국에서 지내신 형님의 미국명이 허리케인 이름 '앤드류'라고 해서 아들 태풍이와 절묘하게 인연이 닿아 있었던 터라 신기해했었는데, 이렇게 힘들 때 의지할 수 있어서 아주 감사했다.

'형님, 정말 고마워요~'

이렇게 비상시 대책을 세워 놓고 이제 치료 방법에 대한 고민을 시작했다. 나는 몇 년 전 남극 세종과학기지에서 월동연구원 생활을 했었는데, 그당시 28차 동기 대원 중 '이주섭'이란 의사가 있었다. 아주 똑똑한 동생으로 지금은 미국에서 의사로 있는 동생에게 SNS로 연락했다. 그 동생은 내 증상에 대해 모두 들더니 직접 보고 진료한 게 아니라 확실하진 않지만 내가 말한 증상만 놓고 보면 이석증이 맞는 것 같다고 했다. 그리고는 '애플리 매뉴버'라는 치료법을 알려 줬다. 나는 아들에게 점심으로 컵라면과 햄버거를 챙겨 주고는 유튜브를 보며 열심히 치료법을 따라 했다.

"태풍아, 오늘은 아빠가 너무 아파서 태풍이랑 못 놀 거 같은데 심심해도 씩씩하게 참아 줘."

"아빠, 많이 아파?"

"응, 아빠가 어디 아파서 토하는 거 본 적 없지? 근데 아까 병원 앞에서 토했잖아. 아빠 진짜 너무 어지러워서 몸을 못 움직이겠어."

"알았어, 나 유튜브 보고 놀고 있을게. 아빠는 쉬어."

그렇게 온종일 자고 잠깐 일어나면 치료법을 따라 하다 저녁은 즉석 밥과 간장, 통조림 참치를 비벼서 아들에게 주었다. 그리고 가방에 있던 간식과 물을 모두 꺼내 놓고 아들에게 챙겨 먹으라고 알려 주고는 다시 잠이 들었다.

다음 날 새벽, 눈을 떠 보니 어제보단 훨씬 좋아졌다. 일어나서 걸으면 조금 어지러운 감이 남아 있지만, 구토가 나오거나 할 정도로 어지럽진 않았다. '정말 다행이다!' 순간 잠들어 있는 아들의 모습을 보니 너무 미안했다. 아들은 심심해서 종일 휴대전화를 들고 있다 잠이 들었는지 손에 휴대전화를 꼭 쥐고 있었다. 고사리 같은 손에서 휴대전화를 빼고 화면을 보니 포털 사이트 창이 열려 있었다.

'어? 게임이나 유튜브가 아니고 왜 포털 창이 열려 있지?'

검색창을 보니 검색 이력이 남아 있었다.

'이석증 나는 법'

'이석증 다 나는 법'

'어지러울 때 나는 법'

아들 휴대전화 검색창엔 틀린 맞춤법으로 아빠 이석증 낫는 법을 검색한 기록이 남아 있었다. 나는 잠들어 있는 아들을 한참 동안 부둥켜안고 울었다. 너무너무 미안하고 안쓰럽고…. 그리고 기특한 마음에 눈물을 흘렸다. 이런 아들의 간절한 마음 덕분이었을까? 하루 만에 완쾌는 아니지만, 몸 상태를 80% 가까이 회복할 수 있었다. 그래서 호텔에서 하루만 더 쉬기로 했다. 이제 몸은 움직일 수 있어 우리는 온종일 호텔에서 아들이 좋아하는 게임을 같이 하며 놀았다.

▲ 건물 내에 작은 산부인과 의원이 있다.

태풍이 일기

어제는 아빠가 아팠다. 아침에 호텔 앞에 있는 병원에 갔다. 아빠는 여기 러시아 병원에서는 치료가 힘들 거 같다고 했다. 아빠랑 손잡고 마트에 가서 음식을 샀다. 아빠는 가면서 몇 번 토를 했다. 내가 아빠 손을 잡아서 도와줬다. 점심도 혼자 먹고 아빠는 잠을 잤다. 저녁도 혼자 먹고 아빠는 아무것도 안 먹고 다시 잤다. 너무 심심했다. 아빠가 빨리 나아서 나랑 같이 게임을 하고 놀면 좋겠다. 심심하다.

#12

 러시아-바이칼(Lake Baikal),
한겨울 바다 같은 호수에 빠지다

　나는 이번 여행에서 내 눈으로 꼭 보고 싶었던 자연환경이 몇 군데 있었다. 첫 번째가 몽골의 초원, 두 번째는 모로코의 사하라 사막, 그리고 마지막이 바이칼호수였다.세계에서 가장 오래되고(2,500만 년 전), 가장 깊고(1,700m), 가장 많은(지구상 담수의 20%) 물을 담고 있는 바다같이 거대한 호수.

　블라디보스토크에서 4,000km를 달려와 이제 바이칼호수에 도착했다. 구글 지도로 미리 알아본 수도원이 있는 한적한 공터에 자리를 잡고 캠핑 준비를 했다. 아들은 오랜만에 캠핑을 한다며 재밌어했다. 준비하고 있는데 수도사님이 웃는 얼굴로 다가와 바닥에 경사가 있다며 캠핑을 하기 좋은 위치를 알려 주고 가셨다. 벌써 쌀쌀해진 날씨 탓인지 주변에 차량이나 캠핑을 하는 사람도 없고 수도원만 덩그러니 있는 게 오히려 조용하고 아늑한 기분이 들었다. 아들과 울란우데 호텔에서 싸 준 샌드위치를 먹고 주변을 산책했다. 바이칼은 생각했던 것처럼 수평선이 보이는 거대한 호수였고 바다처럼 파도가 치고 있었다.

▲ 바이칼 호수 옆 수도원과 흰둥이   ▲ 바로 앞에 모래사장과 바이칼이 보인다

이곳은 시베리아 한복판으로 10월 말에 벌써 영하로 떨어지는 쌀쌀한 날씨였지만, 나는 준비 운동을 하고 바이칼에 수영복 차림으로 들어갔다.

"아~~~~ 태풍아 사랑한다~"

잠깐 30초 정도 되는 시간이 너무나 길게 느껴졌다. 뼛속까지 시린 기분이 들었지만 그래도 물 밖에 나오고 나니 아주 상쾌했다. 너무 추워 얼른 씻고 차 안에 미리 켜 놓은 전기장판 위로 올라가 몸을 녹였다. 그렇게 조금 쉬다 호수 주변을 걸으며 저녁에 모닥불을 피울 나무를 구하러 다니는데 저 멀리 우리 차 근처에 누가 기웃기웃하고 있는 게 보였다.

순간 차 문을 열어 놓은 게 걱정돼 나는 서둘러 달려갔다. 그런데 우리 흰둥이 주변을 기웃대던 분이 도망가듯 가고 있었고 나는 더 걱정돼 전속력으로 달려갔다. 하지만 내가 도착했을 때는 차 반대편 바닥에 장작더미가 놓여 있었다. 조금 전 수도사님이 밤에 불을 피우라고 장작을 가져다주신 걸 나는 도둑으로 오해했던 것이다.

"스파시바(고맙습니다)~"

벌써 멀리 가 계셨지만, 내가 큰 소리로 고맙다고 말씀드리자 뒤는 돌아보지 않으시고 손만 흔들어 화답해 주셨다.

'고맙습니다, 수도사님. 아니, 죄송합니다. 저는 도둑인 줄 오해했네요.'

추운 겨울 시베리아 한가운데에 있는 바이칼호숫가에서 우리 부자는 따뜻한 수도사님의 마음 덕분에 아늑하게 보낼 수 있었다. 주변에 불빛이라고는 가로등 하나 없는 춥고 외로운 바이칼호숫가에서 본 밤하늘은 남극 킹조지섬의 밤하늘과 비교할 수 있을 만큼 수많은 별이 반짝였다.

▲ 바이칼 호수 위로 물든 저녁 놀

돼지 아빠와 원숭이 아들의 흰둥이랑 지구 한 바퀴

태풍이 일기

오늘은 아빠랑 차에서 캠핑을 했다. 바이칼이라는 바다
처럼 큰 호수라고 했다. 이 호수에는 민물에서 사는 유일한
물개가 있다고 했다. 바로 바이칼 물범이었다. 아빠랑 밤에
잠깐 밖에 나갔는데 깜깜하고 아무도 없어서 무서웠다. 바
이칼 물범 소리인지 '엉엉' 우는 소리가 들려서 더 무서웠
다. 그래도 아빠가 있어서 무섭지 않다. 그런데 여긴 인터넷
이 안 돼서 아쉽다. 빨리 가야겠다.

 러시아-노보시비르스크(Novosibirsk),
우리나라의 대전과 꼭 닮은 대도시에서 알게 된
러시아 국민의 애환

　러시아의 수도인 모스크바와 동쪽 연안에 있는 블라디보스토크 사이 중간쯤에 있는 도시 노보시비르스크는 인구 160만 명이 살고 있는 러시아에서 3번째로 큰 도시이다. 러시아말로 '노보(Novo)'는 '새로운', '시비르(Sibir)'는 '시베리아'라는 뜻으로, 즉 노보시비르스크는 '신시베리아'라는 어원을 가진 도시이기도 하다. 이곳은 러시아 대륙의 중간에 위치한 것과 과학 도시라는 별명답게 우리나라의 대전과 많이 비교된다. 실제 대전에 있는 대덕 연구 단지는 이 도시를 롤 모델로 만들어졌다. 아직은 시베리아 지역이긴 하지만 노보시비르스크부터는 모스크바까지 차량 통행과 화물 운송 등의 양이 많아진다. 그래서 상대적으로 도시 사이의 간격도 짧은 편이고 도로 상태도 그리 나쁘지 않은 구간이 이어진다.

　나는 숙소 체크인을 마치고 바로 아들과 얀덱스 택시를 타고 미리 알아 둔 키즈 카페로 갔다. 아들에게는 어디에 가는지 안 알려 주고 그냥 좋은 데 간다고만 말해 아들은 연신 기대하는 분위기다.

　드디어 도착.

'우와~ 생각보다 큰데?'

"어? 키즈 카페?"

아들은 키즈 카페를 확인하자마자 발이 안 보이게 뛰어 들어갔다.

'그래, 어린이한테는 바이칼보다도 키즈 카페가 더 흥분되는 곳이지~'

▶ 여행 출발 후 처음 찾은
러시아 키즈카페

나는 그간 척박한 시베리아 6,000여 km를 달리며 초원과 자작나무, 트럭 휴게소만 보고 온 게 아들에게 미안했다. 이제 힘든 구간도 어느 정도 지나왔겠다 싶어 제법 도시다운 이곳에서는 마음먹고 아들과 재밌게 놀기로 작정했다. 그래서 찾은 키즈 카페인데 생각보다 규모도 크고 시설이 잘돼 있어 마음이 흡족했다. 그렇게 아들과 땀을 뻘뻘 흘릴 정도로 재밌게 놀다가 나와서 택시 탈 곳까지 걸었다.

그런데 큰길로 나와서 나는 눈앞의 광경에 깜짝 놀라 주변을 두리번거렸다. 비가 잠깐 내린 도심지 거리에 흙탕물이 흘러넘치고 인도는 있는 둥 마는 둥, 인프라가 너무 열악했다. 이곳은 러시아의 3대 도시이고, 또 여긴 그 도시의 중심부인데 사방팔방 둘러봐도 행인들 모두 빗물이 흘러넘치는 진흙탕 길에 장화를 신고 아무렇지 않은 듯 걸어 다녔다. 심지어 아이를 태운 유모차도 진흙탕 길을 무심히 지나가고 있었다.

▲ 비가 아주 조금 왔는데도 도로와 인도는 흙탕물이 넘쳐났다

　이곳은 시베리아 지방이라 강수량이 그렇게 많지 않은 지역이다. 심지어 지금은 10월 말이니 우리나라의 장마철이나 한여름 소나기처럼 집중호우가 온 상황도 아닐 텐데 이 정도니 우리나라처럼 시간당 50mm 이상 비가 내리면 도시 전체가 침수될 것만 같았다. 그간 시베리아의 소도시를 다니며 열악한 인도와 도로 상태를 보며 '시베리아니까, 또 작은 도시니까 그렇겠지!'라고 생각했었다. 그런데 이곳은 러시아에서 3번째로 큰 도시인데도 그렇게 큰 차이가 나지 않는다니. 나는 정말로 러시아의 민낯을 보았고, 러시아에 대해 다시 생각하게 되었다.

　러시아는 정말로 거대한 나라이다. 그리고 풍부한 천연자원과 아름다운 자연환경을 가진 나라이다. 그러나 그 나라를 잘 개발하고 관리하기에는 여러모로 힘에 부치는 것 같았다.

태풍이 일기

아빠랑 동물원에 갔다. 우리나라에 없는 동물이 있다고 했다. 바로 북극곰이었다. 러시아는 북극이랑 가까워 북극곰이 많다고 했다. 날씨는 추웠는데 비가 와서 북극곰이 사는 곳은 눈이 다 녹아 있었다. 그런데 북극곰이 안에서 계속 왔다 갔다 했다. 그리고 북극곰 눈을 보니 힘들어 보였다. 얼음이랑 눈이 없어서 그런가? 불쌍해 보였다.

▲ 노보시비르스크 동물원의 북극곰

러시아-튜멘(Tyumen),
시베리아에서 숙소 잡기는 하늘의 별 따기

    나는 어린 아들과 여행하는 사정상 시베리아 구간을 지날 때는 안전을 위해 호텔을 이용했다. 그런데 지금은 러시아와 우크라이나 전쟁의 여파로 숙소 예약 앱뿐만 아니라 구글을 통한 예약도 모두 사용할 수 없고 영문 버전을 제공하는 단 하나의 러시아 전용 앱만 사용할 수 있었다. 그런데 유독 시베리아 소도시에서는 예약 확정 메일까지 받았는데도 막상 도착하면 숙소 측에서 일방적으로 예약을 취소하는 상황이 자주 발생했다. 취소 사유는 다양했다.

1. 방이 없다(그런데 다른 곳을 예약하려고 검색을 하면 그 호텔이 목록에 계속 나왔다).

2. 잘못된 예약이다(그런데 내 이름을 이미 알고 있고 어떤 방을 예약했는지도 알고 있었다).

3. 숙소에 히터가 고장 났다(그런데 히터 없이 사용하겠다고 해도 안 된다고 했다).

    이유는 다양했지만, 느낌상 '의사소통이 힘들다'라거나 '외국인'이라서 일부러 취소하는 듯한 의심이 들었다. 몇 번을 그러다 보니 이제는 현지에 도착하면 호텔에 들어갈 때마다 스트레스가 극심했다. 한번은 한 도시에서 예약 확정 후 연달아 3번이나 취소되는 상황까지 있었다. 그러다 마침내 튜멘이라는 도시에서 나도 모르게 폭발하는 일이 생겼다.

이날도 그간 고생한 아들을 위해 숙소에 '반야'라는 사우나 시설도 있고 숙소 바로 옆에는 아들이 좋아하는 치킨 체인점도 있는 호텔을 예약했다. 저녁 무렵 예약한 숙소에 도착했는데, 차에서 내리려 하자 뒷좌석에 앉은 아들이, "아빠, 또 호텔 안 되는 거 아냐? 에이~ 또 취소되겠지~ 취소! 취소! 취소!" 하며 아예 장난스럽게 노래를 부르고 있었다.

"태풍아, 좀 조용히 해! 그러다 또 취소되면 어떡하려고!"

아들을 다그치고 호텔로 들어가 체크인을 하려는데 직원은 히터가 고장 났다며 우리를 못 받는다고 했다. 시간도 늦었고 해서, "그럼 우리는 히터가 안 돼도 되니 그냥 자겠다."라고 했더니 안 된다고 했다.

'아….'

급히 다른 곳을 검색해 방이 있는 호텔을 예약하고 갔지만, 이번엔 "방이 다 찼다."라고 했다. 그러면 왜 예약 확정 메일이 온 거냐고 따졌더니 직원은 '그냥 오류'라며 모르는 체했다. 다시 급하게 검색해서 찾아갔더니 이번에는 방이 없었다. 벌써 9시가 다 되어 갔다. 이번엔 예약하지 않고 그냥 구글 지도에 나오는 호텔로 찾아갔다. '제발, 제발….' 하고 빌며 들어갔는데 다행히 체크인을 할 수 있었다. 안도의 한숨을 쉬고 아들과 서둘러 방에 들어갔다. 그리고 나는 순간 화가 치밀어 올라 아들을 혼냈다.

"오태풍, 아빠가 힘들게 왔다 갔다 하는데 거기서 호텔 취소되라고 노래를 불러? 넌 그게 재밌어? 손들고 있어!"

아들은 자기 마음과 다르게 그 상황이 재밌어서인지 "취소~ 취소~" 하며 노래를 불렀고, 나는 그게 너무 속이 상해서 아들을 혼내고 말았다.

더구나 이날은 아들과 일찍 체크인을 해서 사우나에서 몸도 풀고 저녁엔 아들이 좋아하는 치킨을 함께 먹으려 했는데 또 일방적으로 취소돼 9시가 넘어 간신히 숙소에 온 상황이 너무나 속이 상하고 화가 났다.

'이런 아빠 마음도 몰라주고….'

아들한테 오늘 하려던 계획과 아빠가 서운한 얘기를 하니 아들도 눈물을 뚝뚝 흘리며 말했다.

"아빠, 미안해. 나도 마음은 안 그런데 자꾸만 마음이랑 다르게 말이 나와."

"그래, 아빠도 화내서 미안해. 그래도 다시는 그런 거로 장난치지 말자, 태풍아~"

"응, 알겠어."

우리는 서둘러 라면을 끓여 먹고 꼭 부둥켜안고 잠이 들었다.

▶ 4번 만에 간신히 체크인한 숙소

▶ 아주 친절했던 호텔 직원
(플래카드 지원 김재관)

#15

 러시아-예카테린부르크(Yekaterinburg),
유럽으로 들어가는 관문

    러시아는 동서 방향의 직선 길이가 7,000km가 넘는 거대한 나라이다. 그러다 보니 블라디보스토크가 있는 동쪽은 연해주라 불리며 아시아 지역으로 분류되고, 모스크바가 있는 서쪽은 또 유럽으로 분류가 되는 재미있는 나라이다.

    '한 나라가 유럽과 아시아에 모두 포함된다면 그 경계는 어디일까?'

    그 경계는 지리적으로 우랄산맥으로 나뉘는데 예카테린부르크란 도시가 우랄산맥의 바로 동쪽에 있어서 이 도시 근처에 '유럽-아시아 경계 표지석'이 세워져 있다. 다시 말해 예카테린부르크는 아시아 도시이고 우랄산맥을 넘어서부터는 지리상으로 유럽 도시로 분류된다.

    우리 부자는 오늘, 이 경계 지점을 넘어가니 오늘은 유럽에 입성하는 날이다. 예카테린부르크는 인구 140만으로 러시아에서 4번째로 큰 도시이고 수도 모스크바와도 가까워 조금 더 유럽에 가까운 분위기의 도시이다. 이곳은 한국 문화도 익숙해서인지 오랜만에 한식당을 찾을 수 있었다. 한국인 여행객이 많이 오는 도시 중 하나인 하바롭스크에서 마지막으로 가고 거의 3주 만에 만나는 한식당이었다.

아들과 떡볶이, 김밥 그리고 김치볶음밥을 시켜서 맛있게 먹었다. 맛은 조금 변형된 한식 맛이었지만 그래도 오랜만에 먹으니 맛있을 수밖에 없었다. 그리고 식당 바로 옆에 있는 치킨 체인점에서 치킨을 주문하려는데 직원 중 아무도 영어를 아는 사람이 없고 영어 메뉴판도 없었다. 휴대폰 통신은 3G 신호가 잡혔다 끊겼다 해서 간신히 번역기를 켰지만, 계속 이상한 단어만 보여 주고 의사소통이 안 됐다. 메뉴를 손가락으로 가리키고 1개씩 달라고 하는데 자꾸만 이상한 러시아어를 또 물어봤다. 눈치코치 모든 신경을 동원해서 생각하고 찾아봤지만, 직원과 나는 한동안 서서 눈만 바라봤다. 옆에 다른 직원도 와서 신기한 듯 구경하는데 모두 다 영어를 한마디도 못 했다. 직원은 계속 같은 러시아 단어를 말했다.

"아르기날레?"

"아…. 아르기날레? 왓(What, 뭐)?"

계속 듣다가 문뜩 생각이 났다.

"오리지널(Original)?"

"다 다(네 네), 오리지널~ 까르르르~"

나의 오리지널 단어 한마디에 매장 직원들은 모두 박장대소하고 있었다. 이렇게 시베리아는 '오리지널(Original, 원조)'이라는 중학교 수준의 쉬운 영어 단어도 아는 사람이 한 명도 없는 곳이었다. 참고로 그 직원은 **"뼈 있는 치킨**(오리지널-영어, 아르기날레-러시아어) 할래요? **뼈 없는 치킨**(순살) 할래요?" 이걸 물어봤던 거였다. 치킨 하나 사는 데도 이렇게 시간이 한참 걸리는 곳. 천신만고 끝에 치킨을 포장해서 아들과 도심에서 20km 정도 떨어진 '유럽과 아시아 경계비'로 갔다.

▲ 예카테린부르크 유럽-아시아 경계비에서

　이 경계비는 우랄산맥을 기준으로 수십 개가 있지만, 예카테린부르크 시내에서 가까운 이곳이 가장 유명하다. 이 경계비는 유라시아 대륙의 가장 서쪽인 포르투갈 호카곶과 러시아 가장 동쪽에 있는 지역이 돌을 가져다 만들었다고 했다. 고속도로 바로 옆에 간이 휴게소 같은 공간에 있는 비석에서 아들은 아시아 쪽에, 나는 유럽 쪽에 서서 사진을 찍었다.

　"태풍아, 너는 지금 아시아에 있고, 아빠는 지금 유럽에 있는 거야."

　"우와~ 그럼 나랑 바꿔 보자, 아빠."

　"그래, 그럼 지금 너는 유럽에, 아빠는 아시아에 있는 거야."

　"아빠, 진짜 신기해~"

태풍이 일기

　　오늘은 호텔에서 아침을 먹으면서 아빠가 직원한테 호텔
예약을 부탁했다. 오늘 가는 도시는 작은 도시라 또 취소될
거 같아서 부탁하는 거라고 했다. 직원 아줌마는 조카가 한
국 남자랑 결혼해서 한국에 살고 있고, 아기도 있다고 했다.
그래서 한국 사람이 좋다고 친절하게 도와줬다. 아빠랑 점
심때는 한식당에 갔다. 떡볶이랑 김밥 그리고 김치볶음밥
을 먹었다. 김밥은 그냥 김에 채소만 넣고 만든 거였다. 그
래서 간장을 찍어 먹었다. 한국에 있는 할머니가 생각났다.
나는 할머니 김밥이 최고로 맛있다. 우리는 유럽이랑 아시
아를 나누는 공원에 갔다. 나는 아시아에 있고 아빠는 유럽
에 있는 게 신기했다. 재밌었다.

 러시아-우랄산맥(Ural Mts.),
시베리아는 우리 부자를 놓아주려 하지 않았다

이제 이틀 뒤면 모스크바에 도착한다. 큰 고비는 넘겼다고 생각했는데 한 유튜브 구독자가 이제 겨울철이라 조만간 폭설이 올 수 있으니 우랄산맥을 빨리 넘어가야 한다고 댓글로 조언했다. '보통 도시와 국가를 나누는 기준이 산맥과 강 같은 확연히 구분되는 자연인 경우가 많은데 하물며 우랄산맥은 대륙을 구분하는 기준인데 분명 이유가 있겠지. 그것도 유럽과 시베리아를 나누는 산맥인데.' 하고 나도 공감돼 긴장하지 않을 수 없었다.

숙소에서 나와 주유를 가득 하고 아침 일찍 아들과 출발했다. 밤부터 새벽까지 계속 눈이 오긴 했지만, 숙소 주변은 눈이 별로 쌓이지 않았다. 그런데 최단 거리로 검색해서인지 우리가 가는 도로의 해발 고도가 점점 높아지는 게 느껴졌고, 주변은 점점 깊게 쌓인 눈이 보이기 시작했다. 그렇게 한 30km 정도를 가다 지도를 보니 우리가 가는 길은 우랄산맥을 그대로 넘어 횡단하는 길인 것 같았다. 길에는 제설차가 제설 작업을 하고 있고 갓길에는 운전을 포기한 건지 트럭들이 세워져 있었다. 걱정돼 고도계를 켜 보니 우리가 있던 곳은 해발 400m 정도였다.

▲ 폭설이 내린 우랄산맥

기상학을 전공한 나는 호텔이 있는 마을은 해발 고도 100m에 영상 1도 정도 되는 날씨였으니, 대략 해발 고도 300m 이상부터는 영하로 떨어질 거란 점을 충분히 예상할 수 있었다. 내가 주행하는 차선은 앞뒤로 차가 한 대도 안 보이고 맞은편 반대 방향 차선에서는 승용차들이 한 대씩 내려오는 게 보였다. '아! 저 차가 산을 넘어오는 걸까? 아니면 되돌아오는 차일까?' 점점 긴장되기 시작했다. 나는 조금 더 가다 차를 세워 잠시 제설 작업 중 쉬는 사람에게 다가가 손짓, 발짓으로 물었다.

"디스 로드, 마이 카, 오케이(이쪽 길, 내 차, 괜찮아요)?"

"Fsfsfkslf(러시아 말)."

"노 오케이(괜찮지 않아요)? 백(뒤로)?"

대충 손짓, 발짓을 하며 내 차와 길을 가리키자 아저씨가 한마디 했다.

"Four Wheel(4륜)?"

대충 내 차가 4륜인지 물어보는 거 같아서 아니라고 했더니 그럼 안 된다고 말하는 거 같았다. 그래서 내 차 타이어가 겨울용 타이어라고 했더니 모호한 표정을 지었다. 알아듣진 못하겠지만 어쨌든 긍정의 표정은 아니니 나는 안전을 위해 다른 길로 돌아가기로 했다. 그래서 다시 길을 검색했더니 원래 480km였던 거리가 700km로 늘어났다. 안 그래도 나는 예카테린부르크에서 모스크바 가는 길이 왜 페름이라는 곳으로 한참 돌아서 나 있는지 궁금했는데 우랄산맥을 피해서 길을 냈다는 걸 그제야 깨닫게 되었다. 하지만, 벌써 오전 10시가 넘었는데 이런 눈길을 700km나 운전하는 건 너무 멀고 무리일 것 같았다. 그 순간 기상학을 전공한 나는 고도가 높아짐에 따라 기온이 낮아진다는 점과 현재 대기 기온이 영상 1~2도 정도 된다는 사실을 적용해 빠르게 분석했다.

구글 지도에서 고도 300m 이하인 지점을 경로에 넣어 최단 거리를 만들어 봤다. 그렇게 만들어진 경로가 600km로 그냥 페름으로 돌아가는 길에 비해 100km가 줄었다. '그래 이 정도면 조심히 운전하면 조금 늦더라도 저녁엔 도착할 수 있겠다. 한번 가 보자!' 다시 운전을 시작했다. 10km, 20km, 50km 긴장하며 운전하는데 눈이 간간이 내리기는 하지만 바닥에 쌓이지는 않았다. 고도계를 확인해 보니, 지금 운전하는 곳의 고도는 해발 200~300m였다. 구글 지도를 확대해 보니 대충 비슷한 고도로 길이 이어졌다. 대성공이었다.

'아! 평생 직업을 이럴 때 써먹는구나.'

그렇게 4시간 정도를 쉬지 않고 운전해 우랄산맥을 거의 다 지나 휴게소에 차를 세웠다. 아들과 잠시 내려 화장실에 갔다 오며 샌드위치를 샀다.

"태풍아, 아빠랑 스트레칭하자. 이따가 날씨 때문에 못 쉴지도 몰라. 허리도 돌리고 목도 돌리고."

"응, 하나! 둘! 셋! 넷!"

그렇게 아들과 스트레칭을 하고 샌드위치를 먹으려는데 아들이 말했다.

"아빠, 그냥 나는 차에서 먹을게. 아빠는 빨리 운전해."

"그럴까? 그럼, 태풍이 혼자 먹어. 아빠는 안 먹어도 돼."

▲ 시베리아의 아주 긴 비포장도로

서둘러 다시 운전해 우랄산맥을 거의 다 내려오니 이번엔 비포장도로가 우리를 반겼다. 딱딱한 흙길이 아닌 곳곳에 물이 고인 진흙 길이었다. 낮은 언덕길도 있어 혹시라도 차가 멈추면 헛바퀴가 돌 것만 같았다. 내 목은 거북목이 되어 있었고, 등에서는 태어나 처음 식은땀이 흐르고 있었다. 그렇게 10분, 20분이 지나 계속 비포장도로가 이어졌고, '돌아갈까? 아냐 조금만 더 가면 포장도로 나오겠지.' 속으로 몇 번을 돌아갈까 고민하다 주행하니 벌써 30분이나 사람의 흔적도 없는 그런 시골 진흙탕 길을 운전하고 있었다. 오후 3시밖에 안 됐는데도 위도가 높아 벌써 하늘은 어두워지고 눈까지 내려 긴장돼 심장이 터질 것 같았다.

'아, 큰일이다. 혹시 차에 문제 생기면 정말 안 되는데….'

사실 우리는 이런 러시아의 도로 상태를 생각해 고장 나도 별로 부담이 없는 연식이 오래된 국산 SUV를 선택했었다. 그런데 순간 너무 후회됐다.

'차라리 망가져도 좋은 차를 가져올 걸 그랬나?'

바닥은 온통 진흙에 자갈까지 있어 시속 10~20km로 주행하는데도 차 바닥은 진흙과 자갈 부딪치는 소리에 꼭 바퀴가 모두 빠져나갈 것만 같았다.

'흰둥아, 조금만 버텨 줘. 힘내라!'

내가 할 수 있는 건 거북목을 유지하고 온 신경을 집중해 앞만 보며 흰둥이를 응원하는 것밖에는 없었다. 그렇게 40분 정도 만에 사람이 사는 집이 보였고 포장도로를 만났다.

"할렐루야!"

"아빠, 왜?"

"태풍아, 아빠 아까 엄청나게 긴장했었어. 진흙 길로 오는데 혹시 차가 빠지면 네가 밖에서 밀어야 하거든. 밖에 눈도 오고 춥고 바닥은 온통 물이랑 진흙인데 네가 할 수 있겠어?"

"아니, 못 하지."

"그러니까…."

"그럼, 이제 끝난 거야?"

"응, 이제 포장도로니까 다행이다."

그 뒤로도 쉬지 않고 5시간 넘게 주행해서 밤 9시가 넘어 호텔에 도착했다. 그동안 빨래를 못 해 얼른 빨래를 세탁기에 넣고 아들과 라면을 끓여 먹었다. 잠시 후 세탁기에서 빨래를 꺼내 건조기에 넣으려는데 호텔 직원이 자기가 해 준다며 도와줬다. 그리고 아들과 방에서 조금 쉬다 건조기에서 빨래를 찾으려는데 아뿔싸! 자동차 리모컨 키가 건조기에서 나왔다. 내 차 키는 문을 여닫는 기능만 되고 열쇠는 없어서 리모컨이 작동 안 되면 아무 쓸모가 없는 상황이었다.

"아! 태풍아, 어떡하지? 세탁기랑 건조기에 차 키가 들어가서 작동이 안돼."

"그럼 어떡해? 차 못 타?"

"아…. 작동 안 되는데."

"아빠, 차 키 또 있잖아?"

"응, 그런데 그게 차 안에 있어."

사실 한국에서 출발할 때 총 3개의 차 키를 가져왔다. 주 키, 예비 키, 그리고 비상 키. 그중 비상 키는 정말 비상시에 쓰려고 차 조수석 뒷바퀴 범퍼 안쪽에 안 보이게 청테이프로 붙여 놓긴 했었다. 그런데 오늘 진흙탕 길을 달리며 진흙과 자갈이 너무 오랫동안 차 바닥에 요란스럽게 부딪히는 걸 보고 비상 키가 떨어졌을 거 같다는 생각이 들었었다. 오늘은 총 11시간 30분을 주행했다. 차 키고 뭐고 고민할 힘도 없어 일단 오늘은 자고 내일 아침 일찍 일어나 해결하자고 생각하곤 쓰러지듯 아들과 잠이 들었다.

　다음 날 새벽, 나는 일찍 눈이 떠져 어제 건조기에 들어가서 작동이 안 되던 리모컨 키부터 다시 조립해 흰둥이 옆으로 갔다. 역시나 고장 났는지 불은 들어오는데 작동이 안 됐다. 이젠 진짜 마지막 희망인 비상 키를 확인할 시간.

　'두근두근!'

　휴대전화 조명을 켜고 조수석 뒷바퀴 안쪽으로 가 손을 넣어 봤다.

　'신이시여!'

　무언가 만져졌다.

　'안 떨어졌구나! 역시 한국 청테이프 만세!'

　그렇게 청테이프의 힘으로 우리는 일정대로 계속 여행을 할 수 있었다.

▶ 하루 11시간 30분
주행한 흰둥이

▶ 11시간 30분 동안 이 자리에서
버텨 준 아들

태풍이 일기

오늘은 아침부터 계속 차에만 있었다. 아침에는 계속 가다 보니 길에 눈이 많이 쌓여 있었다. 아빠가 돌아가야 한다고 했다. 휴게소에서 운동하고 샌드위치를 먹었다. 아빠는 내가 먹다 남긴 거만 먹고 안 먹었다. 한참 가다 진흙 길이 나와서 아빠가 걱정했다. 오늘 지나간 길은 사람도 없고 집도 없어서 위험했다고 했다. 호텔에 늦게 도착해서 아빠가 빨래하다 차 키를 세탁기랑 건조기에 넣었다고 했다. 고장이 나서 차 문을 못 열 수도 있다고 했다. 걱정됐는데 그래도 아빠가 일찍 자자고 했다. 자기 전에 아빠가 다리를 주물러 주셨는데 시원하고 좋았다.

 러시아-모스크바(Moscow),
모스크바는 러시아가 아닙니다

　이제 드디어 모스크바다. 우리 부자는 약 4주간 10,000km를 달려 드디어 러시아의 수도인 모스크바에 도착했다. 지금 러시아의 상황은 국제 금융 제재로 인해 러시아 은행이 아닌 다른 나라 은행 계좌의 돈은 ATM에서 현금을 찾을 수도 그리고 신용카드도 사용할 수 없었다. 그래서 나는 한국에서 출국할 때 달러를 가져와 필요할 때마다 대도시에서 러시아 화폐인 루블로 환전해서 사용하고 있었다. 그런데 유가를 비롯해 현지 물가가 생각보다 너무 많이 올라서 갖고 있던 달러가 이제 거의 다 떨어져 갔다. 며칠 뒤 러시아 국경을 넘어갈 때까지 쓰기에도 약간 부족할 듯한 금액만 남아 있었다.

　그런데 하필 이럴 때 일이 발생했다. 호텔을 2km 정도 남겨 놓은 시내 한복판 거리에서 러시아 경찰차가 내 차를 세웠다. 길가에 차를 정차시키니 경찰이 다가와 서류를 요구했다. 서류를 건넸더니 나에게 손짓으로 자기 차로 오라고 했다. 당황했지만 최대한 침착하게 따라갔다. 차에 갔더니 경찰은 태블릿 PC로 내 차가 찍힌 CCTV 화면을 보여 줬다. 조금 전 내 차가 정차해 있던 버스를 추월하는 장면이었다. 나는 경찰관과 번역기를 통해 대화했다.

▶ 우리 차를 세운 모스크바 교통경찰관

"당신은 추월 방법을 위반했습니다. 여기서 추월하면 안 됩니다".

"하지만 내가 추월한 차선은 흰색 점선이었고, 내 차 앞에는 다른 차량 2대가 먼저 추월해 저는 그 뒤를 따라갔습니다."

그랬더니 오히려 경찰은 눈을 동그랗게 뜨곤 나에게 화를 냈다.

"당신은 무례하다."

나는 순간 당황해 번역기에 대고 천천히 말했다.

"지금 번역기를 통해 대화하니 의사소통에 오해가 있을 수 있다. 나는 무례하게 말하고 있지 않다."

"…"

경찰이 아무 말도 하지 않아 다시 말했다.

"만약 내가 교통법규를 위반한 게 있다면 벌금을 내고 싶다."

그랬더니, 경찰은 번역기에 대고 길게 말을 했다.

"당신은 법원에 출석해야 하고 지금 경찰서에 가서 프로토콜을 작성해야 한다."

나는 중범죄도 아니고 만약 위반했다고 해도 단순한 교통법규 위반이니 벌금을 내고 싶다며 내 사정을 설명했다.

"나는 며칠 뒤에 라트비아 쪽으로 국경을 넘어 러시아에서 출국할 거다. 그래서 시간이 많이 없다. 그러니 범칙금을 내고 싶다."

그랬더니 경찰관은 번역이 안 되는 이상한 말만 계속하면서 "No(안돼)."라고 했다. 지금 아들은 혼자 차에서 기다리고 있고 이러다 혹시 예약한 호텔이 또 취소되는 건 아닌지 걱정돼 초조해졌다.

"그럼 내가 어떻게 해야 하나?"

"당신이 할 수 있는 건 뭐냐?"

"벌금을 내고 싶다."

"안 된다. 법원에 출석해야 한다."

"나는 시간이 없다."

"당신이 할 수 있는 건 뭐냐?"

"아니, 확실하게 말해 달라. 내가 어떻게 하면 되는지 쉽게 설명해 달라."

"(한숨) 지금 당신 차에 현금이 있나?"

"루블은 없고 달러가 있다."

비상금으로 차에 보관하고 있던 달러를 가져와 경찰관에게 건넸다. 경찰관은 "Lucky Guy(운 좋은 사람이야)."라고 말하며 활짝 웃었다. 순간 나는 '이게 범칙금일까? 뇌물일까?'라는 생각에 기분은 조금 찜찜했지만, 시간이 지체돼 분석하고 생각할 겨를도 없었다. 그래도 어쨌든 현장 경찰이 촬영된 CCTV를 보여 주며 현지 교통법규를 어겼다는데 범칙금 낸 거겠지 생각하고 서둘러 호텔로 향했다.

"아빠, 뭐야? 무슨 일이야?"

"좀 전에 아빠가 뭐 잘못했다고 경찰이 잡아서 법원이랑 경찰서 가야 한다고 해서 우리는 시간 없는데 다른 방법이 없냐고 했더니 벌금인지 돈으로 내라고 해서 주고 가는 거야."

"아빠, 나 무서웠어."

"그래, 얼른 가서 밥 먹자."

호텔에 무사히 체크인을 하고 저녁에 만나기로 약속한 유튜브 구독자를 만나 식당으로 갔다. 현지에서 유학 중인 이창민이라는 분으로 우리 부자에게 맛있는 순댓국집을 안내해 밥도 사 주고 헤어질 때는 구급약과 태극기도 선물해 주셨다. 그리고 마침 현금도 떨어지고 환전할 달러도 거의 떨어져 출국 때까지 애매했는데 러시아 현금(루블)을 받고 계좌 이체를 해 드렸다. 정말 고마워서 한국에 오면 또 연락하기로 하고 헤어졌다.

'창민아, 고마워~'

다음 날, 모스크바에서 가장 유명한 크렘린궁과 성 바실리 성당을 보러 붉은 광장으로 갔다. 하필 며칠 뒤 있을 '국민 단결의 날'이란 국가 행사 준비로 광장을 막아 놓아 들어가 볼 수는 없었지만, 그래도 TV에서만 보던 성 바실리 성당은 무척 아름다웠고 '진짜 우리 부자가 러시아를 횡단했구나.'라는 뿌듯한 감정을 느끼게 해 주었다.

▶ 성 바실리 대성당

모스크바 인구는 1300만 명으로(파리 1200만, 런던 930만) 유럽의 최대 도시이다. 하지만, 인구만 많은 게 아니라 이곳 모스크바는 파리나 로마 같은 유럽의 다른 도시와는 다르게 건물도 크고, 차도와 인도 등 모든 거리가 다 넓고 컸다. 그래서 느낀 한 가지 분명한 사실. 모스크바는 러시아가 아닌 것 같았다. 내가 지난 한 달간 시베리아를 지나오며 느낀 러시아의 모습은 모스크바와 전혀 달랐다.나는 마치 두 개의 나라를 보는 것 같았다. '모스크바 공화국'과 '기타 러시아' 모스크바는 그만큼 화려하고 웅장한 도시였다.

▲ 모스크바 키즈카페에서

태풍이 일기

　오늘 모스크바에 왔는데 경찰이 아빠를 불러서 벌금을 내라고 했다. 나는 조금 무서웠다. 저녁에는 우리 유튜브 구독자 삼촌을 만나서 순대국밥을 먹었는데 맛있었다. 그리고 약이랑 태극기 선물을 받았다. 너무 기뻤다. 나중에 러시아를 나가면 태극기를 흰둥이에 달기로 했다.

　모스크바 랜드마크를 봤다. 아빠랑 한국에서 하던 보드게임에서 자주 보던 걸 직접 보니 신기했다. 그리고 굼 백화점이라는 곳에서 유명하다는 아이스크림을 먹었는데 너무 맛있었다. 그리고 아빠랑 조심히 운전해 키즈 카페에 갔다. 너무 재밌었다 러시아는 간식도 많이 없고 길도 안 좋은데 키즈 카페는 재밌었다.

 러시아-국경 검문소(App Burachki),
우크라이나 국적 차량과 러시아 국경 통과하기

이제 국경에 가기 전 마지막 도시 벨리키예루키에서 하룻밤을 자고 국경에서 밤샐 상황을 대비해 비상식량을 샀다. 우크라이나와 전쟁 상황으로 러시아에서 다른 나라로 빠져나가는 국경 상황은 시시각각 변했다. 우리보다 일주일 전에 국경을 통과하신 분 중에는 대기 차량이 많아 10시간 넘게 걸린 사람도 있었고, 그때그때 상황이 달라 긴장을 놓을 수 없었다.

▲ 러시아와 라트비아 국경 검문소

우리는 원래 러시아 제2의 도시이자 아름다운 상트페테르부르크까지 여행하고 가까운 에스토니아 국경으로 나가려 했지만, 우리보다 조금 일찍 가신 분들의 얘기를 들어 보니 에스토니아 국경 쪽으로 출국하는 차가 많다고 했다. 그래서 그냥 상트페테르부르크까지는 가지 않고 모스크바에서 바로 라트비아로 빠져나가기로 했다. 라트비아로 가는 국경에 가까워지자 트럭들의 긴 대기 행렬이 보였다. 인터넷과 유튜브를 통해 2차선은 트럭 대기 줄이란 걸 파악한 나는 1차선으로 계속 추월해 국경 검문소까지 갔다. 우리 앞은 승용차 3대가 대기하고 있었다. 그런데 우리 바로 뒤에 대기 중인 차량 번호판을 보니 우크라이나 차량이었다.

지금 이곳 러시아는 우크라이나와 전쟁 중인데 우크라이나 차량이 러시아에서 다녀도 안전한지 궁금해 말을 붙였다.

"안녕하세요? 저는 한국에서 온 여행자입니다. 반갑습니다."

"안녕하세요? 저는 우크라이나 사람입니다."

"그런데 우크라이나 차량으로 러시아에 다녀도 괜찮나요?"

"네, 상관없어요. 그런데 아마 오늘 국경 나갈 때는 혹시 모르겠네요."

"행운을 빕니다. 그리고 우크라이나 응원합니다."

"고맙습니다. 러시아는 도로가 안 좋은데 여기 나가면 아마 도로 상태는 다 좋을 거예요. 러시아가 안 좋아요. 하하하."

"네, 감사합니다."

▲ 국경에서 검문을 위해 다 꺼내 놓은 짐

그렇게 인사를 하고 검사장으로 들어갔다. 검사 방법은 여권과 차량 서류를 주면 한 사람은 서류 검사를 하고 한쪽에선 차량 검사를 하는 사람들이 나와 차량 문을 다 열어 보고 일일이 모든 짐을 검사하는 방식이었다. 그래도 어떤 사람은 한자리에서 몇 시간씩 대기한다던데 우리는 검사장 진입 전 1시간 30분, 검사장에서 1시간 정도 대기 후 바로 검사를 받아 총 4시간 만에 러시아 출국을 완료할 수 있었다. 지금부터 운전하는 곳은 라트비아 국경이다. 나는 아직 검사도 받지 않았는데 마음이 이미 편안해져 있었다. 라트비아 검문소 한쪽에 차를 세우자 여자 직원이 다가왔다.

"여권, 차량 서류, 비자 주세요."

"여기요."

러시아에서는 내가 차량에서 내려서 출입국 공무원에게 다가가 물어보고 서류를 제출해야 했지만, 이곳 라트비아 국경은 차량에 대기하고 있으면, 출입국 공무원이 다가와 나에게서 서류를 받아 갔다. 요약하자면 '내가 찾아가서 부탁하는 것'과 '찾아와서 해결해 주는 것'의 차이라고나 할까? 한 달 만에 느끼는 서비스 정신에 감동이 밀려왔다.

▲ 라트비아 국경 검문소

'친절한 라트비아여!'

그런데 내 서류를 받아서 사무실에 들어갔던 젊은 여자 직원이 밖으로 나오더니 나에게 다시 물었다.

"비자는 없나요? 비자도 주세요."

비자를 달라고 말할 걸 어느 정도 예상한 나는 순간 쓸데없는 말까지 붙여 우렁차게 대답했다.

"한국인은 대부분의 국가에서 비자가 필요 없습니다. 저는 한국 사람입니다."

"그래요?"

그러곤 라트비아 직원이 고개를 갸웃하며 다시 사무실로 들어갔다. 아무도 알아주는 사람이 없었지만, 괜스레 나 혼자 뿌듯함을 느꼈다. 잠시 뒤 나는 여권과 서류를 받고 국경을 빠져나왔다. 그래, 대한민국은 이런 나라다. 비자 없이도 190여 개국을 자유롭게 여행할 수 있는 나라.

'I'm from the Republic of Korea.'

나는 그렇게 뿌듯한 마음을 안고 라트비아 국경을 빠져나왔다.

태풍이 일기

오늘은 러시아를 떠나는 날이라고 했다. 지금 우크라이나랑 러시아가 전쟁하고 있어서 하루 만에 못 나갈 수도 있고 차에서 잘 수도 있다고 했다. 아빠랑 마트에서 비상식량을 사고 국경에 갔더니 우크라이나 차도 기다리고 있었다. 아빠랑 얘기하는데 신기했다. 우리는 조금 더 기다리다 검사를 받았고, 4시간 만에 러시아를 나와서 라트비아라는 나라에 들어갔다. 라트비아는 국경에 있는 공무원이 친절했다. 아빠랑 나오면서 '만세'를 외쳤다. 나는 아빠가 좋아하니까 나도 좋았다.

※ 내가 20대에 기상예보관이 되고, 30대에는 남극 세종기지에 근무하고 40대인 지금은 아들과 세계 여행을 할 수 있도록 '지금의 나'를 만든 문구가 있다. 30여 년 전 당시 어린 나의 심금을 울린 문구는 바로 TV 〈동물의 왕국〉에서 나온 성우의 내레이션이었다. 화면에서는 사바나 초원 위로 저녁놀이 붉게 물든 하늘을 보여 주며 성우가 내레이션을 했다.

"과연 인간이 쓴 100권의 소설책이, 한 차례의 석양이 가져다주는 감동을 능가할 수 있을 것인가?"

당시 나는 어린 나이였지만, 가슴 깊이 공감할 수 있었다. 나는 블라디보스토크에서 매일 서쪽으로 러시아를 한 달간 여행하며 3,000권의 소설책보다 값진 석양을 선물로 받았다. 그런 러시아에도 감사의 인사를 했다.

"러시아, 볼쇼이 스파시바(러시아여, 대단히 감사합니다)!"

▲ 시베리아 횡단도로에서 선물받았던 석양

 리투아니아-빌뉴스(Vilnius),

발트국가 재래시장에서 한국 김치 장인을 만나다

인구가 60만인 빌뉴스는 리투아니아의 수도로, 유럽에서는 그래도 큰 도시이다. 하지만, 우리나라의 인구 20만 정도 되는 도시처럼 시내도 작고 사람도 그리 많지 않아 보였다. 아들과 재래시장에 가서 고기와 케이크를 사는데 옆에 김치같이 생긴 음식을 팔고 있는 아주머니가 있었다.

▲ 빌뉴스 시장

▲ 빌뉴스 시장에서 발견한 맛있는 김치

'여기 리투아니아인데?'

기대도 하지 않았는데 가까이 가 보니 정말 김치가 맞았다. 그리고 판매하시는 분은 외모가 꼭 한국인 같아 일부러 아들과 한국말로 김치를 주문했다.

"태풍아, 여기 김치가 있어. 우리 김치랑 깍두기 사자. 맛있겠다."

"어, 정말이네. 아빠, 우리 김치 없었는데 잘됐다."

우리는 배추김치와 깍두기를 사서 호텔로 돌아왔다. 오늘은 러시아에서 흰둥이를 찾아서 여행을 시작한 지 꼭 한 달 되는 날이기도 하고, 러시아에서 힘들게 고생한 아들에게 힘을 주고 싶어 조촐히 파티를 하기로 했다.

"태풍아, 그동안 태풍이도 고생 많이 했어."

"네, 아빠도 고생했어요."

"그래, 우리 러시아에서 인터넷 예약도 안 되고 돈도 못 찾고 해서 고생 많이 했잖아. 차도 오래 타고, 그렇지?"

"응, 태풍이도 힘들었어."

"그래, 아빠도 알아. 이제 러시아에서보다는 여행하기 편할 거야. 그러니까 우리 축하 파티하는 거야."

"응, 케이크는 내가 자를게."

"그래."

그렇게 우리는 정말 홀가분한 마음으로 케이크와 고기를 먹으며 파티기분을 즐겼다. 그리고 빌뉴스 재래시장에서 파는 김치의 맛은 우리나라 종갓집에서 잘 담근 김치 맛 못지않은 정말이지 일품이었다.

태풍이 일기

오늘 라트비아에서 리투아니아에 하루 만에 왔다. 너무 신기했다. 러시아에서는 다른 나라에 가는 데 한 달이 걸렸는데 하루 만에 오다니. 또 다른 나라에 갈 때도 하루 만에 갔으면 좋겠다. 저녁엔 아빠랑 시장에서 고기랑 케이크를 샀다. 그리고 한국 김치랑 깍두기도 팔아서 샀는데 진짜 한국 김치 맛이었다. 아빠랑 파티를 하고 맛있게 먹었다. 오늘은 정말 즐거운 날이다.

라트비아-리가(Riga),
볼거리가 많아지는 유럽에서 시작된 새로운 숙제

　리투아니아의 빌뉴스는 친러시아 성향의 벨라루스 국경과 가까운 내륙 도시였지만, 라트비아의 리가는 빌뉴스와 비슷한 인구(약 64만)가 사는데도 발트해 연안에 있어 해상 교역 때문인지 훨씬 더 차량도 많고 활기차 보였다. 구도심도 빌뉴스보다는 중심가에 볼거리가 오밀조밀 모여 있어 일반적인 유럽의 도시와 비슷한 분위기였다. 구도심에 여기저기 볼거리가 많아 아들과 1만 보 정도 걸었더니 아들은 입이 삐쭉 나왔다.

　"아빠, 그만 가. 힘들어."

　"그래? 그럼, 저기 앞에만 갔다 가자. 근데 한국에 있을 때는 태권도도 하고 학교에서 체육 시간도 있고 했는데…. 지금 아빠랑 러시아 지나올 때는 거의 차 안에만 있어서 아빠랑 하루 1시간 정도는 걸었으면 좋겠는데."

　"숨 쉬는 것도 운동이야, 아빠."

　"그래, 운동은 운동이지. 그래도 지금 한창 클 때는 운동을 많이 해야지 키도 크는 거야."

　"알았어. 저기만 갔다가 쉬자."

러시아를 지나올 때는 주로 차 뒷좌석에 앉아만 있던 아들이 이제는
차로 이동하는 시간은 적어지고 걸어서 이동하는 시간이 늘어나자 조금
씩 힘들어하기 시작했다.

'그래도 아빠는 보여 주고 싶은 곳이 너무 많은데, 어떡하지?'

'러시아 끝 유럽 시작'은 나에게는 또 다른 숙제를 안겨 주고 있었다.
바로 아들의 동선을 고려한 세밀한 계획.

'그래, 아들! 아빠가 조금 더 분발해 볼게!'

▲ 아름다운 건축물이 많은 유럽의 도시

태풍이 일기

오늘 도착한 도시는 라트비아라는 나라의 수도 리가라고 했다. 아빠는 도시가 아름답다며 볼 게 많다고 했다. 건물들이 많이 있는데 뭐가 다른 건지 모르겠다. 그래도 맥도날드 햄버거는 맛있었다. 오늘 걷다가 다리가 아프다고 했더니 아빠가 운동을 안 해서 그렇다고 "이제 매일 조금씩 걸어야 한다."라고 했다. 차라리 러시아 여행할 때가 좋았다고 했다. 아빠는 아는 것도 많아서 볼 게 많은가 보다. 힘든 하루였다.

#21

 에스토니아-탈린(Tallinn),
스님이 만든 맛있는 양념치킨

에스토니아 수도 탈린으로 가는 길에 점심을 먹고 가려 해안가 휴양 도시인 패르누(Parnu)에 들렀다. 나는 옛날부터 생각해 둔 발트 지방의 전통 음식 청어 요리를, 아들은 어린이 크림 파스타를 시켰다. 크림 파스타는 한국에서도 많이 먹는 음식이니 무난했는데 청어 요리는 충격적인 맛이었다. 조각낸 감자 위에 청어 살을 올려서 마요네즈와 양파를 덮고 찐 요리. 느끼함에 고추장을 한 숟가락 퍼 먹고 싶은 마음이 굴뚝같았지만, 꾹 참고 아들에게도 한 숟가락 맛을 보여 주었다.

"태풍아, 이거 한번 먹어 봐. 이게 여기 사람들이 많이 먹는 전통 요리래."

"응."

그런데 대답만 하고는 크림 파스타를 맛있게 먹었다. 아들은 내가 먹을 때도 힐끔힐끔 곁눈질로 내 눈치를 보더니 이미 맛이 없을 거로 파악한 거 같았다.

'이런 눈치 빠른 녀석!'

혹시나 맛있다고 하면 조금 바꿔 먹으려 했더니 영 틀렸다. 그래도 '나는 지금 무인도에 있고, 세상에는 이 음식밖에 없다.' 생각하니 먹을 만했다.

▶ 발트 지역 전통음식 청어요리

   오후에 탈린에 도착해 아들과 전망대에 올라갔다. 탈린 시내와 발트해를 바라볼 수 있는 전망 좋은 곳이었지만, 예상했듯 아들의 투성이 시작됐다.

"아빠, 힘들어. 저기 꼭 올라가야 해?"

"그래, 여긴 꼭 가야 해. 여기 한 5분만 올라가면 돼. 금방 가."

"아휴, 알았어."

정말 5분이면 걸어 올라갈 거리를 아들은 가지도 않고 투정부터 부렸다.

▲ 탈린 전망대

▲ 알렉산더 네브스키 성당

그렇게 어르고 달래 전망대와 시가지를 짧게 둘러보니….

"아빠, 배고파."

"응, 그래. 뭐 먹을까?"

"양념치킨."

"여기 에스토니아인데 양념치킨이 있을까?"

여기저기 지도로 찾아보니 근처에 한식당은 없고 아시아 음식을 파는 식당 메뉴에 치킨이 있었다. 식당 이름은 〈Monk〉, 즉 우리말로 '스님'이었다. 정말로 찾아가니 스님처럼 생긴 인도계 주방장이 요리하는 인도 음식점이었다. 나는 미리 봐 둔 양념치킨 맛과 비슷할 것 같은 양념이 된 치킨과 흰쌀밥, 그리고 볶음국수를 시켰다.

| 양념치킨 | 볶음국수 | 흰쌀밥 |

잠시 뒤 음식이 나와 아들에게 맛을 보게 했다.

"태풍아, 치킨 어때? 양념치킨 맛이 나?"

"아니, 양념치킨 아냐."

"그래도 외국은 한국 같은 양념치킨 파는 데는 없어."

"알았어."

그리고 나는 흰쌀밥을 한 숟가락 떠먹었다.

'음~'

나는 인도에 한 번도 가 본 적이 없는데 지금 꼭 인도에 온 기분이 들었다. 이어서 볶음국수도 호기롭게 도전해 봤지만, 역시나 인도에 두 번째 여행 온 기분이 들었다. 이번에는 아들에게도 밥을 한 숟가락 떠먹여 주었다. 인도 밥을 한 숟가락 입에 문 아들은 한동안 망부석이 되어 눈도 깜빡이지 않았다. 채소를 싫어하긴 해도 웬만한 음식은 안 가리고 잘 먹는 애인데 인도 밥은 충격이었나 보다.

"태풍아, 어때? 맛있어?"

"…"

아들은 대답은 하지 않고 나를 째려봤다. 그 순간 군 복무 시절 군대 선임이 "그걸 말이라고 물어봐?" 하며 나를 째려보던 눈빛이 떠올랐다.

'이런 틀렸네. 혹시라도 맛있다고 하면 치킨 한 조각 바꿔 먹으려 했더니.'

여기 식당 이름이 〈Monk〉, 우리말로 스님? 수도승? 아무튼 마음을 수련하는 분으로 고기를 안 드시는 분을 말할 텐데, 웬걸! 파는 음식은 쌀밥과 국수는 맛이 없고 고기가 맛있었다. '고기 맛을 잘 아는 스님이 차리신 식당인가 보다.' 생각했다.

아들아, 아빠도 치킨 좋아한다~

오늘은 아빠 혼자 잠시 인도 여행 갔다 올게.

태풍이 일기

  오늘은 에스토니아 탈린에 왔다. 점심에는 아빠가 청어 요리를 먹고, 나는 파스타를 먹었다. 나는 맛있었는데 아빠는 맛이 없었나 보다. 자꾸 나를 먹이려고 했다. 나는 내 것만 맛있게 먹었다. 탈린에서는 전망대에 올라가느라 다리가 아팠다. 아빠가 뭐 먹고 싶냐고 물어봐서 양념치킨 먹고 싶다고 했더니 스님 식당에 데려갔다. 양념치킨이랑 쌀밥 그리고 국수를 시켰다. 그런데 양념치킨이 아니었다. 아빠가 쌀밥을 주는데 이상한 맛이었다. 나는 그래도 치킨이 맛있어서 먹는데 자꾸 아빠는 나한테 밥이랑 국수를 줬다. 나는 치킨만 먹었다. 그래도 치킨이 맛있었다.

 핀란드-헬싱키(Helsinki),
먼 타국에서 받은 귀한 선물

▲ 여객선 탑승 전 대기   ▲ 바다에서 바라본 헬싱키 시내

　오늘은 탈린에서 페리를 타고 핀란드만을 건너 핀란드의 수도 헬싱키로 가는 날이다. 배편은 인터넷으로 차량 회사와 차 이름, 차량 번호 등만 입력하면 간단하게 예매할 수 있었다. 성인 1명, 어린이 1명, SUV 1대의 편도 비용은 총 약 12만 원. 2시간이 걸리는 거리인데 우리나라에 비해서도 아주 저렴했다. 탈린의 지정된 항구에 가서 기다리다 시간이 되면 순서대로 선적하고 사람과 차량 모두 따로 표 검사는 하지 않았다. 우리는 배에 올라가 햄버거를 먹고 편하게 앉아서 쉬다 핀란드에 입국했다. 배도 아주 깔끔하고 시설이 잘 되어 있어 항공기 탑승보다 훨씬 편리하게 이용할 수 있었다.

헬싱키에 도착하자 순서대로 하선하고 도로를 주행하는데 바로 앞 교차로에서 핀란드 세관 공무원들이 의심되는 차량을 무작위로 길가에 세우고 있었다. 특이한 번호판을 달고 있는 우리 흰둥이는 당연히 대상이 돼 갓길에 차를 세웠다.

"어디서 오셨나요?"

"한국에서 온 여행자입니다."

나는 최대한 호의적인 분위기를 만들기 위해 우리 여행 얘기를 했다.

"9살 아들과 한국에서 자동차를 직접 가지고 러시아를 횡단해서 오는 길입니다."

"아, 그래요? 이 차가 한국에서 온 차입니까?"

"네, 1만 km를 넘게 주행했습니다. 우리는 스웨덴, 노르웨이를 지나 포르투갈로 갈 겁니다."

핀란드 공무원들은 얼굴에 웃음을 띤 채 아주 친절한 말투로 질문을 이어 갔다.

"차에 술이나 담배가 있습니까?"

"아니요. 저는 담배를 피우지 않고, 술도 없습니다. 전부 옷과 캠핑용품, 여행용 짐입니다."

"차 문을 열어 주실 수 있을까요?"

"네, 보세요."

문을 열자 그냥 보지 않고 바로 닫아 버렸다. 의심스러운 사람인가 그냥 질문만 한 것 같았다. 그러고는 아주 친절하게 우리 차를 보내 줬다.

"감사합니다. 즐겁게 여행하세요~"

"저도 한국 공무원인데, 핀란드 공무원분들 아주 친절하네요. 감사합니다."

▲ 헬싱키 대성당 앞에서

　그렇게 유쾌하게 대화를 끝내고 오늘 저녁에 만나기로 한 옛 직장 동료를 만나러 갔다. 이곳 헬싱키에는 광주와 부산 등에서 직장 동료들이 교육을 위해 출장을 나와 있어서, 우리 여행 중에 혹시라도 일정이 겹치면 잠깐 만나기로 한 상태였다. 그리고 나는 미리 친한 팀장님에게 혹시 짐 가방에 여유가 있으면, 한국 쌀과 김치를 부탁한 상태였다. 그런데 직장 동료의 해외 출장 일정이 1주일 정도 뒤로 밀려 만날 수 있을지 불확실한 상태였는데, 때마침 우리의 여행 일정도 계획보다는 1주일 정도 늦어져 운 좋게 헬싱키에서 만날 수 있었다.

　"오 팀장, 고생했지! 여기서 이렇게 보다니 진짜 반갑네~"

　"최 팀장님, 교육 잘 받고 계세요? 반갑네요. 다들 이런 데서 뵈니 반갑습니다."

　"일단 먼저 식사하러 가시죠."

　우리는 헬싱키에서 제일 유명한 식당에서 순록 스테이크를 먹고 숙소에 가서 2차 자리를 가졌다. 오랜만에 편한 옛 동료들과 함께 먹는 한국 소주의 맛은 너무나 달았다. 그리고 무엇보다 소중한 한국 쌀과 김치를 선물로 받았다. 그것도 아주 많이.

"아유~ 최 팀장님, 내가 이럴 줄 알았어. 조금만 주시면 되는데 이건 뭐 어떻게 여기까지 갖고 오셨대. 너무 많아서 무거웠을 텐데."

그렇게 우리 부자는 옛 동료들의 응원을 받으며 헬싱키를 떠났다.

"최승환 팀장님, 그리고 신현주 형수님, 정말 고맙습니다~"

▲ 정읍에서 직접 갖다주신 한국 쌀과 김치

핀란드-라플란드(Lappland),
자작나무 숲속 대참사

핀란드 중부 내륙의 토홀람피(Toholampi)에 있는 Miko와 Iida의 시골집
에서 카우치 서핑을 한 우리 부자는 산타 마을로 향했다.

▶ 카우치서핑을 한 미코네 집　　▶ 아주 깔끔했던 손님용 방

그런데 핀란드 중부에서 산타 마을이 있는 북부 지역으로 올라가려면
아주 넓고 울창한 숲속 길을 지난다. 이곳은 북위 65도 이상 고위도 지

대로 오로라를 자주 볼 수 있고 겨울에는 온통 하얀 눈 세상이지만, 그 외 계절에는 다양한 식물과 동물이 사는 아름다운 지역으로 라플란드 (Lappland)라고 불린다.

라플란드 지역 어딘가를 지나가고 있을 때다. 뒷좌석에서 아들이 샌드 위치 먹다 남긴 걸 운전하며 받아먹었는데 조금 지나자 갑자기 배가 아프기 시작했다. 그런데 웬걸. 5km, 10km를 가도 휴게소나 주유소는커녕 집 한 채도 보이지 않았다.

'큰일이다.'

이건 분명 기차로 분류하자면 'KTX급' 급행 신호였다. 1분 내로 결단 을 내리지 못하면 대참사가 발생할 것 같았다. 하는 수 없이 나는 울창한 숲 사이에 난 왕복 2차선 도로 옆의 좁은 갓길에 차를 세웠다. 그리고 몇 걸음 숲속으로 들어가 라플란드의 울창한 숲속에서 안도의 한숨을 쉬며 하늘을 바라보았다. 편안한 마음으로 다시 운전을 시작하는데 5분도 되 지 않아 다시 신호가 왔다.

'아! 큰일이다.'

계속 사람의 흔적은 전혀 없고 주변은 온통 자작나무뿐이었다. 그리고 이곳은 심지어 갓길도 너무 좁고 나무가 작아서 어디 숨을 곳이 없었다. 더 이상 생각할 겨를이 없던 나는 차를 최대한 길가에 주차했다. 서둘러 밖으로 나가 조수석 쪽에 바짝 붙어 앉아 라플란드의 하늘을 두 번째 바 라보았다. 그리곤 혹시나 지나가는 차가 있을까 빨리 처리하고 운전석에 앉았더니 아들이 뒷좌석에서 '배꼽이 빠져라' 웃고 있었다.

"태풍아, 아빠 방금 큰일 날 뻔했어. 화장실 급한데 화장실이 없어서."

"까르르르르~"

아들은 큰 소리로 웃어 댔다. 내가 안전띠를 매고 출발하자 아들이 뒤에서 말했다.

"아빠, 나 사실은 아빠가 아까 응가 할 때 사진 찍었어. 까르르~"

"뭐? 오태풍! 빨리 지워~"

"싫어. 내가 찍은 건데, 왜?"

"장난하지 마. 빨리 지워~"

"알았어, 지울게. 대신 찍은 거 아빠한테 SNS로 보내고 지울게."

아들의 말을 듣는 순간 이것도 나중에 추억이 될 수 있겠다는 생각이 든 나는….

"으… 응. 그래 아빠한테 하나 보내고 지워."

"응, 알았어."

그리고 다시 운전하는데 순간 정신이 아찔해졌다. 오늘은 월요일이다. 한국에서 여행을 시작할 때 아들의 담임 선생님으로부터 1주일에 한 번 정도는 SNS나 전화로 안전 확인을 해 달라는 부탁이 있었다. 그래서 매주 월요일 아침에는 담임 선생님에게 전화나 SNS로 연락을 드리는데 오늘이 월요일이고 조금 전에 아들이 담임 선생님에게 SNS로 연락을 드린 상황이었다.

'아직은 SNS에 서투를지도 모르는데 혹시나 아들이 아빠에게 보낸다는 걸 담임 선생님에게 보낸다면….'

이 생각이 머릿속을 스쳐 지나가며 나는 갓길에 급히 차를 세우고 뒷좌석으로 달려갔다.

"태풍아, 휴대전화 줘 봐. 너 아빠한테 보낸 거 맞지? 담임 선생님한테 보낸 거 아니지? 그러면 큰일 나~"

"어, 아빠한테 보냈는데. 담임 선생님? 까르르르."

아들은 조금 전에 찍은 사진을 담임 선생님한테 보내는 상황이 생각났는지 마치 기절할 것처럼 더 크게 웃고 있었다. 그러거나 말거나 나는 아들의 휴대전화를 먼저 확인하고 나서야 안심할 수 있었다. 아름다운 라플란드는 아들에게 재밌는 추억이 깃든 곳으로, 나에게는 노란 하늘을 두 번, 아니 세 번이나 본 곳으로 기억될 것이다.

▲ 라플란드의 자작나무

+ 핀란드-로바니에미(Rovaniemi),
30년 만에 직접 만난 진짜 산타 할아버지

로바니에미(Rovaniemi)는 북위 66도 부근에 있는 핀란드의 작은 도시이다. 핀란드 정부에서는 공식 산타를 선발하는데 그 산타 할아버지가 이 마을에 근무하고 있다. 전 세계에서 주소란에 '산타 할아버지에게'라고 써서 보낸 편지와 카드는 이곳으로 보내지는, 즉 세계에서 통용되는 공식 산타 마을이 핀란드 북부 도시 로바니에미에 있다.

나는 어릴 적 1990년대 어느 날 신문 기사에서 이곳 '산타 마을'에 관한 기사와 사진을 본 적이 있다. 정확한 기사 내용은 생각이 안 나지만 아무튼 이곳에 몇백 살 된 산타 할아버지가 살고 있고, 전 세계 어린이들이 보낸 크리스마스카드가 이곳으로 보내져 일부는 답장도 받을 수 있다는 내용이었다. 그리고 나는 정말 꿈을 꾸었었다. 당시 소년 가장으로 가난했던 우리 집 형편으로는 당연히 불가능한 일이라 생각했으니, 정말로 그냥 꿈을 꾸었었다.

'나도 저 마을에 가서 산타 할아버지를 만나고 싶다. 그리고 만나서 소원을 빌면 그래도 몇 개는 들어주시지 않을까?'

그 뒤로 커서 어른이 되었고, 그 당시의 나와 같이 동심을 가진 9살 아들과 함께 그 산타 할아버지를 만나러 온 것이다.

▲ 11월인데도 눈이 쌓이지 않은 산타마을

"태풍아, 여기가 산타 마을이야. 여기에 진짜 산타 할아버지가 계셔. 이제 만날 건데 인사 잘 하고, 마음속으로 꼭 소원 빌어. 그럼, 말로 안 해도 산타 할아버지가 다 아실 거야."

"진짜? 산타 할아버지가 한국말도 해?"

"아니, 아마 못 하실 건데 그래도 괜찮아."

"알았어. 아빠, 신기해."

아들의 손을 잡고 산타 할아버지가 있는 방으로 들어갔다.

"안녕하세요? 저희는 한국에서 온 여행자입니다. 산타 할아버지 만나서 반갑습니다."

"네, 반갑습니다. 저도 한국말 조금 할 수 있습니다. 안녕하세요. 감사합니다."

산타 할아버지는 영어로 말했지만, 한국말도 몇 마디 알고 계셨다.

"와, 정말 반갑습니다. 저는 어렸을 때부터 이곳에 꼭 와 보고 싶었습니다. 30년 만에 아들과 함께 올 수 있어서 영광입니다."

"아, 그렇군요. 반갑습니다. 어린이는 이름이 뭔가요?"

아들은 "What's your name(이름에 뭐예요)?"이란 아는 영어에 대답했다.

"I'm Tepung(나는 태풍입니다)."

"오태풍 어린이는 얼굴을 보니 대단한 어린이입니다. 아빠와 즐겁게 잘 여행할 수 있을 거예요. 행복하고 즐거운 크리스마스 보내세요!"

11월 중순인데도 산타 마을은 눈이 쌓여 있지 않아서 아쉬웠다. 하지만 이날 나는 아들과 내 어릴 적 얘기, 나의 아빠 얘기를 하며 진지한 대화를 할 수 있었다. 어렸을 적 아빠는 가족 여행을 한 번도 가 보지 못했고, 그나마도 초등학교 5학년부터는 부모님이 없이 자란 얘기를 들으며 아들은 공감의 눈물을 흘렸다. 그런 9살 아들의 공감에 나는 어렸을 적 받았던 상처가 모두 치유되는 느낌이 들어, 마치 산타 할아버지에게 진짜 선물을 받은 기분이 들었다.

'산타 할아버지, 감사합니다!'

▲ 산타할아버지와 함께

▶ 북위 66도
북극 구분선

▶ 북극 우체국에서
보내는 크리스마스 카드

태풍이 일기

오늘은 로바니에미라는 도시에 있는 산타 마을에 갔다. 진짜 흰 수염이 길게 난 산타 할아버지가 계셨다. 신기했다. 산타 할아버지가 내 손을 잡았다. 손이 엄청나게 컸다. 아빠가 여기부터는 북극이라고 했다. 나는 북극 우체국에서 한국에 계신 엄마랑 학교 선생님, 그리고 태희랑 친구들에게 크리스마스카드를 써서 보냈다. 밤에는 아빠가 아빠 어릴 적 얘기를 해 주셨다. 아빠는 여행을 한 번도 못 가 봤고, 그래서 찍은 사진도 없다고 했다. 불쌍했다. 그리고 아빠의 아빠는 초등학교 5학년 때 하늘나라에 가셔서 아빠랑 엄마 없이 살았다고 했다. 아빠 얘기를 듣는데 나는 행복한 거 같아서 눈물이 났다. 나도 아빠가 하늘나라에 가면 어떨까 생각하니 슬플 거 같아서 계속 눈물이 났다. 아빠는 백 살까지 살 거니까 걱정하지 말라고 했다. 사랑해요~ 아빠.

 스웨덴-스톡홀름(Stockholm),
세상에서 가장 비싼 달걀, 그리고 친절한 신사

핀란드에서 스웨덴으로 국경을 넘을 때는 아들에게 유럽에서 흔히 볼 수 있는 국경 경계 표지판을 보여 주려 했는데, 이곳도 아무런 표지판이 없어서 보여 줄 수 없었다. 유럽은 이제 아예 국경 구분이 없는 곳이 늘어 가는 것 같았다.

스웨덴의 수도인 스톡홀름의 인구는 약 100만 명으로 유럽에서도 큰 편이고, 특히 인구가 많지 않은 북유럽 국가 중에서는 가장 큰 도시이다. 중심가에 있는 숙소까지 약 30km를 가는 데 1시간 30분이 걸렸다. 스톡홀름은 핀란드나 다른 북유럽 도시보다 훨씬 차량도 많고 또 화려했다. 몇 년 전, 북유럽을 여행한 지인 중 한 사람이 "노르웨이보다 스웨덴의 국민 소득이 훨씬 높다. 즉, 스웨덴이 훨씬 잘산다."라고 착각(?)한 이유를 알 것만 같았다.

참고로 2023년 기준 1인당 국민 소득은 노르웨이가 약 10만 달러(전 세계 3위), 스웨덴은 55,000달러(14위)로 거의 두 배 차이가 난다. 그 정도로 스톡홀름은 북유럽 어느 도시보다도 화려하고 활기차 보였다. 그리고 그

화려한 분위기만큼이나 마트의 물가도 비싸서, 특히 달걀 1알의 가격이 500~600원으로 우리나라의 3배 정도나 됐다. 북유럽을 '복지 국가', '복지 천국'이라 부르는데 이제는 사람뿐만 아니라 닭의 복지도 전 세계 1등일 것만 같았다. '스웨덴 닭은 한국의 닭처럼 좁디좁은 닭장이 아닌 넓은 스위트룸 닭장에서 복지를 고려해 키워 비싼가 보다.'라고 생각하니 '사람이건 동물이건 처음 태어나는 환경이 인생을 결정한다.'라는 생각이 들어 부러우면서도 씁쓸했다.

▲ 바사 박물관의 난파선   ▲ 스웨덴 왕궁

우리는 흰둥이를 스톡홀름 관광지 부근에 주차하려고 주차장에 갔지만, 이곳의 주차 시스템은 차량을 미리 등록해야 하는지 주차 기계에서는 등록이 안 됐다며 계속 오류가 났다. 그래서 등록하려 했지만, 우리 차는 번호판이 한글로 쓰여 있어 인식하지 못했다. 한 30분째 주차 기계에 매달리다 도지히 안 돼 지나가는 시민에게 도움을 청했다.

"안녕하세요. 저는 한국에서 여행 온 사람입니다. 혹시 잠깐 저를 도와주실 수 있을까요?"

"네, 물론이죠."

"지금 주차 등록을 하려는데 계속 오류가 납니다."

그러자 스톡홀름 시민이 대신 여러 번 입력했지만, 결국 해결할 수가 없었다. 그런데 그때 그 남자분은 자기 차량 등록 시스템을 통해 내가 필요한 시간을 대신 주차 예약을 해 주고 결제까지 해 주셨다.

"아, 감사합니다. 제가 방금 결제하신 거 현금으로 드릴게요."

"아닙니다. 괜찮습니다."

"아, 너무 죄송한데요. 그럼, 잠시만 기다려 주세요."

나는 얼른 흰둥이에 보관 중이던 한국 기념품을 가져와서 드렸다.

"그럼, 이거라도 받아 주세요. 한국에서 가져온 기념품입니다. 저와 제 아들은 한국에서 한국 차로 여행 중이에요. 정말 고맙습니다."

"아, 그래요. 감사합니다. 스톡홀름 주차 시스템이 불편해서 제가 죄송합니다. 여행 즐겁게 하세요."

"감사합니다."

그 남자분은 주차 기계에서 우리 차의 예약이 계속 오류가 나자 한국 돈으로 1만 원이 넘는 금액을 본인 카드로 결제하고, 돈도 받으려 하지 않았다. 그리고 자기 나라의 주차 예약 시스템이 불편해서 죄송하다는 말까지 해 주신 스톡홀름의 신사분을 보니 '역시 사람은 가진 게 여유로 워야 마음도 여유로워질 수 있는 걸까?' 하는 생각이 들었다. 물론 못 가진 사람도 베풀 줄 알고 여유로운 사람이 있긴 하다. 하지만, 가진 게 많으면 마음이 더 여유로워지는 것 또한 사실이다. 어쨌든 나의 기억 속 스톡홀름은 화려하고 친절한 도시로 남아 있다.

 노르웨이-오슬로(Oslo),
북유럽 조용한 도시에서 만난 한국 대통령

스웨덴 서쪽 연안 도로를 통해 노르웨이 국경을 넘었는데 핀란드와 스웨덴 모두 도로 인프라가 좋았지만, 노르웨이는 한적한 시골길도 길가에 가로등이 설치돼 있어 훨씬 관리가 잘 되고 있는 것 같았다. 그리고 노르웨이에 넘어왔다는 건 주행 중인 차를 보면 확실히 느낄 수 있었다. 스웨덴이나 핀란드와는 달리 주행 차선과 맞은편 차선 모두 앞에 차도 없고 단속 카메라도 보이지 않았지만, 규정 속도보다 1km도 과속하는 차량이 없었다. 비싼 물가로 유명한 노르웨이라서 이유는 뭐 설명하지 않아도 알 것만 같았다.

시골길로 빠져 숙소로 가는데 드문드문 있는 집이 모두 우리나라로 말하면 부농의 집이었다. 깔끔한 2층 규모의 주택에 차고와 창고가 별도로 있고, 한쪽에는 카라반이나 캠핑카가 한 대씩 주차된 집. 한적한 시골의 풍경인데도 낯설었다. 정말 노르웨이는 부유한 국가처럼 보였다.

숙소에 짐을 풀고 나와 오슬로 여객선 터미널 주차장에 차를 주차하고 노벨평화센터로 갔다. 노벨상은 다이너마이트를 개발한 스웨덴 사람 알프레드 노벨(Alfred Nobel)의 유언으로 만들어졌다. 자신이 만든 다이너마이트가 군사적으로 이용되는 데 회의를 느껴 유산 대부분을 기부해 시행된 노벨상은 매년 스웨덴 왕립아카데미 등에서 선정해 수여되지만, 노벨평화상은 노르웨이의 오슬로 의회에서 선정하고 오슬로 시청에서 수여된다. 2000년에는 우리나라의 김대중 대통령이 수상해 그 기록을 아들과 함께 보러 노벨평화센터로 갔다.

"태풍아, 평화가 뭔지 알아?"

"응, 싸우지 않고 사이좋게 지내는 거."

"그래, 맞아. 싸우지 않고 다툴 일이 있어도 대화로 풀고 사이좋게 지내는 거야."

"그런데 여긴 뭐 하는 곳이야?"

"노벨평화상이라고 전 세계에서 평화에 가장 많이 도움이 된 사람을 뽑아서 상을 주거든? 그동안 언제 누가 그 상을 받았나 기록해 놓은 박물관이야."

"우와, 그럼 되게 많겠네?"

"응, 그리고 2000년도에는 우리나라 대통령이 여기에서 상을 받았어."

고 김대중 대통령이 2000년도에 노벨평화상을 받은 후 많은 말이 있었지만, 나는 모든 걸 떠나서 그냥 이렇게 먼 나라에서 그런 훌륭한 상을 받은 우리나라 사람이 있다는 걸 아들에게 보여 주고 싶었다. 그리고 아들과 나는 뿌듯한 마음이 들었다. 누군가에게 노르웨이는 피오르와 오로라, 북극의 자연이 유명한 나라일 것이다. 하지만 우리 부자는 노르웨이의 자연은 나중에 풀어야 할 숙제로 남겨 놓고 한적한 오슬로에서 손잡고 거닐며 노벨평화상의 의미를 되짚어 보았다.

▲ 오슬로 노벨평화상 기념관

▲ 오슬로 시청 앞에서

 덴마크-코펜하겐(Copenhagen),
행복한 동화 속의 나라

　　다시 스웨덴을 지나 덴마크로 들어가는데 약 15km 정도 되는 국경 사이에 놓인 다리를 건너는 비용이 한국 돈으로 76,000원이나 했다. 비싸도 너무 비싼 것 같았다. 시내에 주차하려는데 주차장이 몇 군데 없고, 그나마도 모두 주차 자리가 없었다. 그런데 더 신기한 건 자동차 주차장만큼이나 자전거 주차장이 많고 또 주차된 자전거가 많다는 점이었다. 이곳은 자전거 전용 도로뿐만 아니라 전용 주차장도 잘 되어 있어 그야말로 자전거 애호가들의 천국인 거 같았다. 한참 떨어진 곳에 간신히 주차한 후, 우리는 코펜하겐 시청사 바로 옆에 있는 안데르센 동상으로 갔다.

　　"태풍아, 안데르센이 누군지 알아?"

　　"응, 그… 동화 만든 사람."

　　"그래, 안데르센이라는 사람이 동화를 엄청 많이 만들었거든. 근데 그 사람이 여기 덴마크 사람이래."

　　"동화 이름이 뭐야?"

　　"《인어공주》, 《벌거벗은 임금님》, 《성냥팔이 소녀》, 《미운 오리 새끼》,《빨간 구두》…. 엄청 많지?"

"응, 다 우리 집에 있는 책이다."

우리는 자동차로 2시간 거리인 안데르센의 고향 오덴세로 갔다. 덴마크 하면 떠오르는 아름다운 색감의 아기자기한 집이 붙어 있는 거리에 안데르센의 생가가 있었다. 거리가 너무 아름다워 순간 나는 이런 의문이 들었다.

'안데르센이 태어나고 자랄 때도 이런 아름다운 집이었을까? 아니면 유명해지고 아름답게 꾸민 걸까?'

조용하고 작은 도시지만, 거리마다 페인트칠이 된 집들은 모두 색감이 조화로웠고, 거리는 아름다웠다.

▲ 코펜하겐 뉘하운 운하

▲ 오덴세 안데르센이 태어난 마을

안데르센은 나랑 거의 200살 정도 차이가 나는데 이렇게 아름다운 곳에 살아서 그런 동화를 쓸 수 있었을까? 스웨덴, 노르웨이, 덴마크를 돌며 나는 계속 주변 환경이 부럽다 못해 질투가 날 지경이었다. 심지어 내가 비교한 대상들은 100~200년 전인데도 내가 자랄 당시보다 자라 온 주변 환경은 훨씬 아름답고 화려했다.

"북유럽인들이여! 당신들은 모두 다 행복한가요?"

이런 질문을 꼭 해 보고 싶었다.

 독일-브레멘(Bremen),
브레멘 음악대를 찾아서

　나는 그동안 많은 나라를 여행해 봤고 그 경험을 바탕으로 생각건대 개인적으로 독일은 한국 사람이 살기에 아주 편리하고 안전한 나라이다. 교통법규도 잘 지키고, 도로와 대중교통, 병원 등 대부분의 편의 시설이 잘 갖춰져 있을 뿐만 아니라 우리나라의 체계와 비슷한 부분이 많아 편리하다. 물론 한국만큼 편리한 나라는 어디에도 없다는 건 두말할 필요도 없지만, 나는 우리나라를 제외하고 한국인이 살기에는 독일이 전 세계에서 'Top(최고)'인 것 같다고 늘 생각했다. 그래서인지 나는 시베리아에서 고생하며 한 달 동안 러시아를 횡단할 때도 '나중에 독일에 들어가면 편안하겠지!'라고 생각하며 사실상 독일만 바라보고 지금껏 약 15,000km를 달려왔다고 해도 과언이 아니다.

　오늘은 덴마크 국경을 넘어 그런 독일 브레멘으로 가는 날이다. 이곳은 독일 작가 그림 형제의 동화 《브레멘 음악대》로 유명한 도시로 시청 광장 한편에는 네 마리의 동물 동상이 있다. 나는 아들과 점심을 먹을 겸 브레멘 시청 광장으로 향했다.

▶ 브레멘 시청 앞
브레멘 음악대 동상

"태풍아, 이 동물 어디서 많이 본 거 같지 않아?"

"어? 나, 이거 봤는데? 어디서 봤더라? 당나귀랑 개랑 고양이랑 닭이니까…."

"힌트는 여기 도시 이름이 '브레멘'이야."

"아~《브레멘 음악대》!"

"그래, 동화 속에서 동물들이 가려고 했던 도시가 여기 독일 브레멘이래. 그래서 여기 그 동화에 나오는 동물을 이렇게 만들어 놨대."

동화《브레멘 음악대》는 쓸모가 없어지자 주인에게서 버려진 네 마리의 동물이 주인공인 이야기이다. 동화 속에서 네 마리의 동물은 행복을 찾기 위해 브레멘의 음악대에 합류하러 함께 여행을 떠난다.

"태풍아, 우리도 행복하기 위해서 시베리아부터 여기까지 달려왔잖아. 그 동물들은 브레멘에 가지 않았는데도 행복을 찾았대. 아빠랑 태풍이, 돼지랑 원숭이는 그 브레멘까지 왔는데 더 행복하게 살자~"

"아빠, 우리도 행복하잖아?"

"그래, 지금보다 더 많이 행복하게 살자고~"

"아~ 그래."

태풍이 일기

　오늘은 독일 브레멘에서 《브레멘 음악대》 동상을 봤다. 아빠랑 동상 앞에서 같이 사진을 찍었다. 브레멘 시청 앞에는 크리스마스 시장이 있어서 예뻤다. 2층짜리 회전목마를 탔는데 신기했다. 재밌게 구경하고 놀다 아빠랑 핫도그랑 솜사탕도 먹었는데 맛있었다.

#29

 독일-코블렌츠(Koblenz),
우크라이나 난민 레오를 만나러

러시아를 빠져나와 리투아니아 트라카이성을 보러 간 닐이있다. 차를 길거리에 주차하고 아들과 성으로 가려는데 누군가 뒤에서 말을 걸었다.

"안녕하세요? 이거 어디에서 온 차예요?"

"아, 네. 안녕하세요. 한국에서 운전해서 여기까지 왔습니다."

"와우, 정말인가요? 며칠 걸렸나요?"

"한 달 정도 걸렸어요. 11,000km 조금 넘게 운전했습니다. 어디에서 오셨나요?"

"저는 우크라이나 사람입니다. 그런데 지금은 독일에 살고 있어요."

"아, 그래요? 저희는 이 차 타고 나중에 포르투갈까지 갔다가 다시 한국으로 돌아갑니다. 한 달쯤 뒤에는 독일에도 갑니다."

"아, 정말요? 그럼, 제가 사는 곳에 한번 오세요. 제가 안내해 드릴게요. 저는 지금 코블렌츠라는 도시에 있는데 아주 아름다워요."

"그렇군요. 혹시 시간이 되면 갈게요. 연락처 좀 알려 주세요."

그렇게 우리는 연락처를 교환했고, 나는 코블렌츠라는 도시는 한 번도

가 본 적이 없어 잘됐다 싶었다. 독일에 오기 며칠 전 우크라이나인 '레오'에게 연락했고 지금 만나러 가는 길이다. 코블렌츠는 라인강이 가로지르는 도시로 역사가 3천 년이 넘는 우리나라로 치면 경주 같은 도시였고, 생각보다 훨씬 볼거리가 많았다.

레오는 딸과 함께 호텔로 우리를 만나러 왔고 4명이 함께 구도심과 성을 둘러봤다. 그리고 라인강 근처 식당에서 저녁을 함께 먹었다. 레오는 우크라이나 난민으로 전쟁 직후 우크라이나에서 나와 코블렌츠에 정착했다고 했다. 독일은 우크라이나 전쟁으로 인한 난민에게 숙소와 직장도 제공해 주고 있어서 코블렌츠에는 우크라이나 난민이 많다고 했다.

"레오, 지금 우크라이나에 가족이 있어요?"

"아니요. 지금은 부모님도 모시고 나와서 다 코블렌츠에서 살고 있어요."

"다행이네요. 그럼, 고향에 지인들은 다치거나 한 사람 없어요?"

"많죠. 군에 입대한 사람도 있고, 다친 사람도 많아요. 그래서 슬퍼요."

"미안해요. 우리 한국은 주변에 러시아, 일본, 중국에 둘러싸여 있어서 공식적으로는 러시아에 반대하지 못해요. 여러 가지 무역이나 이런 불이익 때문에요. 하지만, 많은 대한민국 국민이 우크라이나를 지지하고 있어요. 힘내세요."

"고마워요. 그리고 한국에서 운전해서 여기까지 아들이랑 오다니 정말 대단해요. 저도 그런 꿈이 있어요."

"레오도 혹시 한국에 오면 꼭 연락해요. 제가 아름다운 곳 다 안내해 드릴게요."

"꼭 그랬으면 좋겠네요. 아무튼 고마워요."

그렇게 우리는 손잡고 우크라이나를 응원해 주었고, 한국에서 가져간 도자기 선물과 각종 기념품을 레오와 딸 폴리나에게 선물하고 작별했다.

'레오, 행복하게 잘 지내고 나중에 또 꼭 만나요~'

▲ 우크라이나 난민 레오와 딸 폴리나와 함께

#30

독일-프랑크푸르트(Frankfurt am Main),

전 세계 도시 중 아들에게 1등을 차지한 영예의 도시

　이제 한국에서 여행을 시작한 지 약 50일이 되어 갔다. 그간 한 번씩 한식당이 있는 도시에서 한식을 먹긴 했지만, 한국 간식 특히 아들이 좋아하는 한국 과자와 음료수는 구경을 못 했다. 러시아는 과자와 음료수 등 간식거리는 종류가 많지 않았고, 다른 나라의 도시도 대부분 외국 어린이용 간식만 있었다. 혹시나 하고 아들과 마트에 갔지만, 아들은 항상 실망하곤 했었다. 그래서 이곳 독일에 오면 교포가 많이 사는 프랑크푸르트에서는 꼭 한국 마트에 가야겠다고 각오했었다. 지금 나에게 필요한 건 김치도 고추장도 아니었다. 오로지 목표는 한국 과자였다. 그래서 미리 알아 둔 프랑크푸르트 외곽의 한 한국 식품 마트에 갔고 마트 문을 열고 들어가는 순간 나는 아들에게 큰 소리로 말했다.

　"태풍아, 여기서 네가 먹고 싶은 거 다 가지고 와!"

　"진짜? 다 가져와도 돼?"

　"응, 그동안 먹고 싶었던 거 싹 다 골라서 카트에 담아. 오늘 마트 털자!"

　"앗싸~"

아들은 발이 안 보이게 사라졌다. 그렇게 바나나 과자, 꽈배기 과자, 문어 과자, 오징어 과자, 라면 과자, 각종 젤리, 사탕, 알갱이가 든 음료 등을 카트에 쓸어 담았다. 평소 한국에서 마트에 가면 과자 한두 개만 고르고 별로 관심도 없던 아이였는데, 역시 아직 어린애인가 보다. 한국에서도 잘 안 먹던 과자까지 담고 난리다.

"태풍아, 그렇게 과자가 먹고 싶었어? 너 한국에선 먹으라고 해도 잘 안 먹잖아?"

"아빠, 지금 한 달이 넘었어. 한 달~ 한 달 동안 안 먹어 봐. 내가 안 먹게 생겼어?"

"하하하!"

"그리고 또 다른 데 가면 이렇게 없을 수도 있잖아. 미리 사 둬야지."

"하하하. 그래 먹고 싶었던 거 실컷 담아."

귀국 후, 주변 어른들이 아들에게 첫 번째로 묻는 말이 있다.

"이야~ 태풍아, 그동안 여행한 데 중에 어디가 제일 좋았어?"

아들의 대답은 지금까지도 항상 같다.

"독일이요."

독일 중에서도 프랑크푸르트는 그렇게 아들에게 선물 같은 도시로 기억되고 있다.

▶ 프랑크푸르트
한국 마트에서
오랜만에
한국 식품과
과자 쇼핑

태풍이 일기

오늘은 프랑크푸르트에 있는 한국 마트에 간다고 했다. 아빠가 마트에서 먹고 싶은 과자를 다 사도 된다고 했다. 정말로 한국 과자랑 음료수가 많이 있었다. 독일인데도 이렇게 한국 음식이 많아서 신기하고 좋았다. 나는 과자랑 젤리랑 음료수를 많이 골랐다. 그리고 족발이랑 양념치킨도 샀다. 호텔에 와서 족발이랑 양념치킨, 한국 과자를 먹으면서 월드컵 경기를 응원했다. 그리고 밤에는 아빠가 야식으로 한국 떡으로 만든 진짜 한국 떡볶이를 해 주셨다. 양념치킨이랑 한국 과자랑 음료수에 떡볶이까지 먹었다. 진짜 행복한 날이다. 맨날 다른 나라도 독일 같았으면 좋겠다.

▲ 50일 만에 먹는 한국 과자

한국 음식을 먹으며 월드컵 경기 응원 ▲

돼지 아빠와 원숭이 아들의 흰둥이랑 지구 한 바퀴

독일-베를린(Berlin),
분단의 아픔을 간직한 도시

프랑크푸르트에서 500km를 내리 운전해 베를린 근처 휴게소에 도착했다. 원래 베를린 시내 공원에서 차박을 하려 했지만, 아들이 힘들어해서 오늘은 그냥 여기서 자기로 했다. 휴게소에 있는 패스트푸드점에서 햄버거와 치킨을 먹고 오랜만에 흰둥이 안에서 아들과 게임을 하며 놀다 잤다. 유럽 중에서도 특히 독일은 고속도로 휴게소 시설이 잘 되어 있다. 그래서 유럽은 캠핑카로 여행하며 고속도로 휴게소에서 쉬고 가는 캠퍼들도 많이 있다. 유럽은 큰 차일수록 시내에 들어가면 주차할 곳을 찾기 힘들기 때문이다. 캠핑장은 유료지만 이런 휴게소는 무료이고 음식을 먹을 수 있도록 테이블과 벤치도 설치되어 있다. 게다가 화장실도 쓸 수 있으니 캠퍼들에겐 아주 좋은 숙박지이다.

우리 부자도 여행하며 "작더라도 밴을 캠핑카로 개조해 여행할걸." 하는 후회를 자주 했다. 하지만, 우리가 출발할 때는 사실 이 여행을 시작할 수 있을지도 불확실했다. 코로나19뿐만 아니라 우크라이나와 러시아의 전쟁으로 인해 러시아로 가는 직항 노선뿐만 아니라 모든 게 불투명했기 때문이다. 우여곡절 끝에 여객선 운항이 재개돼 그나마 우리 부자는 한국에서 타던 차를 갖고 여행을 시작할 수 있었다.

다음 날 아침은 아들과 다시 패스트푸드점에서 아침을 간단히 먹고 베를린 시내로 갔다. '체크포인트 찰리'와 '브란덴부르크문'을 보고 가까운 곳에 있는 유대인 학살 희생자 추모 공원으로 갔다.

▲ 체크포인트 찰리　　　　　▲ 브란덴부르크 문

공원은 크기가 다른 직사각형의 커다란 돌이 줄 맞춰 세워져 있었다. 나는 작품 설명을 보지 않았지만, 작가의 의도를 알 수 있었다. 좁은 가스실에서 어린이부터 성인까지 의도를 모른 채 줄 서서 모여 있다가 독가스에 의해 희생된 자들의 안타까움과 공포를 표현한 것 같다는 생각이 들었다. 그 돌 사이로 들어가니 하늘밖에 보이지 않고 아주 답답했다. '입구 쪽에 서 있는 무릎보다도 작은 돌이 상징하는 건 작은 아이를 나타내고 맨 안쪽에 사람 키보다 훨씬 큰 돌은 어른을 나타내겠지.' 하고 생각하니 가슴이 더 먹먹해졌다.

"태풍아, 옛날에 세계 전쟁을 할 때 아무 잘못 없는 사람들을 큰 방에다 모이라고 해 놓고 거기서 갑자기 독가스를 뿌려서 한 번에 많은 사람을 죽인 일이 있었거든. 여기는 그때 그 장면을 이렇게 꾸며 놓은 거야.

반성하고 또 많이 알리기 위해서."

"잘못 없는 사람들을 왜 죽인 거야?"

"독일 사람들이 인종이 다른 유대인들을 모여 놓고 그냥 죽였대. 저기 큰 돌은 어른을 나타내고, 이 앞에 있는 작은 돌은 태풍이처럼 작은 어린 이를 나타내는 거 같아. 저기 큰 돌 있는 곳에 한번 들어가 봐."

"아빠, 무서워."

"그래. 그때 어린이들은 얼마나 무서웠을 거야, 그렇지?"

"응."

"그런데, 비슷한 일을 옛날에 일본 사람들이 한국 사람들한테도 했거 든? 그런데 일본은 그런 일을 했다고 반성을 잘 안 해. 그런데 여기는 독 일인데 자기네 나라 사람들이 잘못한 걸 이렇게 만들어 놓고 모두가 볼 수 있게 하잖아. 부끄러울 텐데도."

"그렇네. 여기 독일인데."

"그래, 그래서 과거에 잘못했어도 이렇게 반성하는 게 중요한 거야."

나는 하루빨리 도쿄 한복판에 위안부 추모 공원이 들어서는 그런 날이 오길 바랐다.

▲ 유대인 희생자 추모 공원

 체코-프라하(Praha),
저 멀리 언덕 위의 아이스크림 성

　평소에도 관광객이 많은 곳인데 크리스마스가 채 한 달이 남지 않아서 인지 프라하는 그야말로 '인산인해'를 이뤘다. 아들에게 천문시계를 보여 주고 싶었지만, 안전사고를 우려해야 할 만큼 너무 많은 사람이 몰려들어 멀리서만 보여 주고 서둘러 카를교로 이동했다. 해 질 무렵이라 다리와 프라하성에는 이미 불이 밝혀져 있어 저녁놀과 함께 보니 아주 아름다웠다.

　"아빠, 이게 뭐야?"

　"응, 그거 '굴뚝빵'이라고 맛있어. 한번 먹어 봐."

　"냠냠~ 아빠, 진짜 맛있어."

　나도 한 입 맛을 보았는데 고소한 빵에 달달한 설탕이 발라져 있으니 특히나 어린이에게는 맛이 없을 수 없는 맛이었다. 그렇게 아들과 굴뚝빵을 나눠 먹으며 카를교를 걸었다.

▲ 카를교와 프라하성

카를교는 세계적인 관광지이다 보니 걷는 동안 음악 소리가 여기저기에서 들렸다.

"아빠, 배고파."

"굴뚝빵 먹어도 배고파?"

"응."

▲ 체코 전통음식 콜레뇨

아들과 체코 전통음식 콜레뇨로 유명한 식당으로 갔다. 커다란 족발에 칼이 꽂힌 채 나왔다.

"우아, 아빠 맛있을 거 같아."

"그래, 이게 체코 전통 음식인데 이름이 '콜레뇨'라는 거야. 돼지 족발을 바싹하게 구운 건데 속은 한국 족발이랑 맛이 비슷할 거야."

콜레뇨를 맛있게 먹고 프라하성으로 올라갔다.

"아빠, 언제까지 가야 해? 다리 아파."

"조금만 가면 돼. 거의 다 왔어."

"여기 뭐가 있는데? 그냥 호텔 가면 안 돼?"

"여기 가면 성당도 있고, 성도 있고, 그리고 밤에 보는 경치가 아주 좋은 데가 있어."

"아빠, 외국은 왜 이렇게 성당이 많아? 가는 데마다 성당이 있어."

"어…. 그러니까 이제 다 왔어. 조금만 참자."

"나 지금 다리가 후들후들하는데."

걸은 시간이 총 30분도 안 되는데 아들은 벌써 다리가 아프다고 했다. 그러고 보니 이번 여행 중 처음으로 언덕이 있는 여행지였다. 그간 지나온 곳은 러시아부터 북유럽, 독일까지 모두 다 평지였는데 프라하만 낮은 언덕이 있는 시형이라 조금 힘들 수도 있겠다는 생각이 들었다. 그래도 어른들 같으면 야경을 보려고 어떻게 해서라도 참고 갈 텐데, 9살 어린이에게는 별 의미가 없으니 달래느라 혼이 났다. 이럴 땐 나만의 방법이 있으니, 한국인들에겐 카를교와 프라하성만큼이나 유명한 성지, 프라하성 바로 앞에 있는 별다방에서 아이스크림을 사 준다고 달랬다.

"태풍아, 저기 조금만 더 가면 맛있는 아이스크림 있어."

"(눈을 흘기며) 진짜?"

"응, 저기 한국 사람들이 많이 가는 덴데 아이스크림이 맛있어."

"아빠, 빨리 가자."

다리 아프다는 게 꾀병이었는지 아들은 성큼성큼 계단을 올랐다. 그러고 보니 나도 초등학교, 아니 국민학교 2학년 때는 아이스크림을 먹고 싶어 버스표를 바꿔서 아이스크림을 사 먹고 30분이 넘는 거리를 걸어서 집에 간 적이 자주 있었는데, 어릴 때는 아무리 힘들어도 맛있는 걸 생각하면 그런 힘이 나는가 보다. 그래, 9살짜리 초등학생한테는 카를교, 천

문시계, 프라하성보다는 아이스크림이지~

▲ 프라하 성에서 본 야경

▲ 결국 못 먹은 아이스크림

태풍이 일기

오늘 아빠랑 체코 프라하에 왔다. 굴뚝빵을 먹었는데 맛있었다. 설탕이 많아서 완전 내 스타일이었다. 카를교가 유명하다고 해서 사진 찍고 걷는데 배가 고팠다. 아빠가 체코는 콜레뇨가 유명하다고 맛있는 식당에 데려갔다. 족발이 맛있긴 한데 껍데기가 딱딱해서 이빨이 부러지는 줄 알았다. 밤에는 아빠랑 프라하성에 가는데 계단이 많아서 ㄷ리가 아팠다. 외국에는 왜 이렇게 성이랑 성당이 많은지 모르겠다. 아빠는 신이 나서 가는데 나는 힘들었다. 아빠가 프라하성 앞에 아이스크림을 판다고 했는데, 가 보니 안 팔았다. 아빠한테 속은 거 같다. 음료수가 시원하고 맛있다고 해서 먹고 호텔로 왔다. 내일부턴 속지 말아야겠다.

 리히텐슈타인-바두츠(Vaduz),
내가 사는 화순읍보다도 작은 도시가 한 나라의 수도라니

스위스에서 다리를 건너 리히텐슈타인으로 들어왔다. 세계에서 6번째 작은 나라로 우리나라의 성남시와 비슷한 크기인 이곳은 인구는 38,000명에 불과하지만, 1인당 국민 소득이 18만 달러(2018년 기준)로 우리 돈 2억 원이 넘어 스위스보다 잘사는 부국이다. 하지만, 나라가 워낙 작다 보니 수도인 바두츠 시내에서는 주차장을 찾기가 너무 힘들었다.

"아빠, 나 쉬 마려운데."

"어, 그래. 이제 주차장만 찾으면 되니까 조금만 참아 봐."

지도로 미리 봐 둔 주차장은 만차였고 서둘러 다른 곳을 찾아봤지만 모두 자리가 없었다.

"아빠, 나 못 참겠어. 급해."

"알았어, 조금만 기다려."

그렇게 크지도 않은 시내를 몇 바퀴 돌며 찾아봤지만, 주차장 표시를 따라가 보면 모두 'Private', 즉 개인용 주차장이거나 만차였다. 30여 분을 돌고 돌아 찾은 끝에 겨우 한 자리 난 곳에 급히 주차하고 아들과 화장실에 갔다. 나라 전체가 우리나라의 웬만한 한 지자체 크기보다 작고, 수도인 바두츠는 전라도 시골 읍내보다도 훨씬 작은 곳. 10분 정도 걷다 보니 성당, 의회, 정부 청사, 쇼핑몰 모두 둘러봤다.

"아빠, 벌써 끝이야? 화순보다도 작네?"

"응, 그러니까. 시내가 엄청 작다."

"앗싸, 시간 많으니까 이제 밥 먹고 식당에서 나랑 게임 하자."

"응…. 그래."

리히텐슈타인의 공식 명칭은 '리히텐슈타인 공국'으로, 리히텐슈타인 공작이 다스리는 나라이다. 국가의 재정은 모두 이 가문에서 내기 때문에 국민은 납세와 국방의 의무가 없다. 요즘은 전 세계적으로 왕이나 공직이 존재하는 국가에서도 그 권한이 축소되고 있지만, 리히텐슈타인은 공작에게 의회 해산권, 법률 거부권 등 왕권 확대 개헌안이 국민 투표에서 국민의 지지를 받아 통과할 정도로 국민의 사랑과 지지를 받고 있다. 하지만, 물가는 비싸고 교통도 불편하고 특별한 관광지로서의 매력이 없어 한국인들이 방문하기에는 여러모로 힘든 나라인 것 같았다. 우리 부자는 처음이자 마지막일 것 같아 스위스로 떠나며 인사했다.

"리히텐슈타인, 안녕~"

▲ 아주 작은 바두츠 시내

▲ 바두츠 성 아래에서

 스위스-제네바(Geneva),
국제기구의 공식 회의장에 참석한 오씨 부자

나는 기상청의 기상예보관으로 공무원 생활을 시작했다. 그리고 당시 스위스 제네바에 있는 세계기상기구(WMO)에서 근무하는 꿈을 꾸었었다. 하지만, 기상청의 잦은 발령으로 힘들었던 나는 더 나은 곳을 찾아 다른 부처로 전출 가게 되었다. 그 뒤로 꿈과는 조금 멀어졌지만, 그래도 끝까지 갖고 있던 꿈 중 하나가 바로 세계기상기구에 가 보는 것이었다.

지금 나는 공무원에서 퇴직했고, 아들을 혼자 키우는 아빠로 그 꿈과는 완전히 멀어졌지만, 대신 이번 여행에서 꼭 한번 스위스 제네바에 들러 이곳 WMO에 가 보고 싶었다. 운 좋게도 과거에 같이 근무했던 직원이 WMO의 정직원, 그것도 국장으로 근무하고 계셔서 용감하게 그분에게 견학을 요청했다.

"여기는 견학 시스템은 없고 대신 그때쯤 공식 국제회의가 있습니다. 한국에서 관련 업무도 하셨으니 회의 참석자로 올려놓을게요. 아드님하고 같이 참석해 보시면 어떨까요?"

우리 부자는 얼떨결에 국제기구의 공식 회의에 함께 참석하게 되었다.

▲ 제네바 WMO 앞에 주차된 흰둥이

(김휘린 수자원국장) "안녕하세요, 오랜만이에요."

(오영식) "네, 잘 계셨어요? 바쁘시죠? 초대해 주셔서 감사합니다."

"일단, 여기에 앉으시면 됩니다."

"감사합니다. 너무 폐를 끼쳐서."

"아니에요. 회의 끝나면 이따 선물도 있으니 챙겨 가세요."

회의는 영어로 1시간이 넘게 이어져 아들은 졸음이 올 듯 말 듯한 표정으로 힘들게 버티고 있었다.

▲ 정신력으로 버텨 보는 국제회의장 속 아들

나는 귓속말로 말했다.

"태풍아, 이제 금방 끝나. 조금만 참자."

"응."

회의가 끝나자 김휘린 박사님은 우리 부자에 대해 참석자들에게 간략하게 소개해 주었다. 그리고 나에게는 소개할 시간을 따로 주었다.

▲ 회의 종료 후 우리 부자에 대한 소개 시간

"안녕하세요. 만나서 반갑습니다. 저는 한국에서 온 오영식이라고 하고 제 옆은 9살 난 아들 오태풍이라고 합니다. 저희는 한국에서 한국 자동차로 러시아를 건너 여기까지 왔습니다. 우리는 포르투갈 호카곶까지 갔다가 아프리카를 거쳐 다시 한국으로 돌아갈 예정입니다. 여기 김휘린 박사님하고는 한국에 있을 때 잠깐 같이 근무했었습니다. 그리고 사실 그전에 저는 한국 기상청의 기상예보관으로 근무했었습니다. 그래서 여기에 꼭 와 보고 싶었는데 오늘 이렇게 회의에 참석할 수 있도록 해 주셔서 정말 감사드립니다. 아마 특히 제 아들에게는 잊을 수 없는 날이 될 것 같습니다. 감사합니다."

전 세계에서 온 참석자들의 환호가 쏟아졌다. 참석자 중 한 명은 이런 말도 해 주었다.

"저도 같은 나이의 아들이 있는데 비슷한 꿈이 있어요. 아주 부럽네요.

여행 무사히 잘 마치세요."

WMO에서 정식 근무는 하지 못했지만, 이렇게 공식 회의에 아들과 함께 참석해서 발언까지 할 수 있었으니, 두 번째 꿈은 이룬 거나 마찬가지로 느껴졌다. 이제는 공무원에서 퇴직해 비록 마지막 한 가지는 영영 이룰 수 없게 됐지만, 그래도 내가 가진 꿈 3개 중 오늘로 두 개는 이뤘으니 더는 바랄 게 없을 만큼 행복한 하루였다.

'김휘린 박사님, 고맙습니다~'

▲ 김휘린 WMO 수자원국장님과 함께

태풍이 일기

제네바 호텔에서 전기 버스를 타고 시내에 갔다. 아빠랑 같이 한국에서 근무했던 분이 초대해서 집 앞에서 와인을 선물로 사서 갔다. 갔더니 한국 사람이 많이 있었다. 피자랑 고기랑 맛있게 먹었다. 치즈로 만든 요리도 있었는데 이름이 '라클레트'라고 했다. 그리고 14살 누나랑 9살 친구도 있었다. 이름은 '휘아'랑 '린아'였다. 오랜만에 한국 친구를 만나서 즐거웠다. 아빠는 위층에서 식사할 동안 나는 아래층에서 린아랑 얘기하면서 놀았다. 다음 날은 아빠랑 유엔 회의장에 들어갔다. 외국 사람이 영어로 회의하고 있었다. 끝나니까 아빠가 우리를 외국 사람들한테 소개했고 사람들이 손뼉 치며 놀라워했다. 밖에 나가서 사진을 여러 장 찍고 한국 식당에 가서 비빔밥을 먹었다. 오랜만에 고추장에 밥을 비벼 먹으니 완전 맛있었다.

#35

프랑스-콜마르(Colmar),

결국 유럽에서 자동차 사고를 내다

▲ 콜마르 시골의 3층 주택

    스위스에서 나와 프랑스 알자스(Alsace) 지역의 작은 도시 콜마르에 있는 숙소에 도착했다. 주차장과 마당이 있는 3층 주택이었다. 칠순쯤 돼 보이는 할아버지가 나와서 주차를 도와주고 인사했다.

    "Bon jour(안녕하세요), Enchante(만나서 반갑습니다)!"

    주인분은 영어를 거의 하지 못해 번역기를 통해 대화할 수 있었다. 우리가 잘 곳은 3층에 있는 방 한 칸이었고, 욕실은 공동 사용이긴 하지만 넓어서 사용이 불편할 것 같진 않았다. 그런데 우리의 여행에서 가장 중요한 와이파이(Wi-Fi) 신호가 너무 약해 자꾸 끊어졌다. 주인에게 "3층은 신호가 약하고 연결돼도 속도가 너무 느리다."라고 얘기했더니, 뭐가 문제인지를 모르시는 것 같았다. 여긴 프랑스에서도 시골 농가이고, 주인분은 연세가 많으신 할아버지라서 와이파이를 잘 사용하시지도 않을 것 같았다.

"태풍아, 여긴 시골이라 와이파이가 자꾸 끊기고 연결돼도 속도가 아주 느리네. 오늘은 아빠랑 놀고 내일 빨리 떠나자."

"나는 밥 다 먹고 아빠랑 게임 하고 싶었는데."

"우리 닌텐도 있잖아. 그거 하고 놀면 되지."

"알았어~"

다음 날, 우리는 아침을 간단히 먹고 독일로 이동하려고 짐을 챙겼다. 주방과 거실이 있는 2층으로 내려가니 장기 숙박 중인 다른 손님이 프랑스어로 인사했다.

"안녕하세요."

"안녕하세요. 저희 이제 체크아웃을 하려는데요."

"아, 주인분은 다른 데 가셔서요. 그냥 가시면 될 거 같습니다."

"네, 감사합니다. 안녕히 계세요."

그러고 아들과 함께 차에 타서 출발하는데….

드르륵!

급한 마음에 지도 검색을 하며 후진을 하다 좁은 마당 옆으로 열린 자동 출입문에 흰둥이가 부딪혔다. 깜짝 놀라 내려서 확인하니, 크게 찌그러지거나 하진 않는데 살짝 긁힌 자국이 있어 차를 한쪽에 세웠다. 잠시 뒤 2층에서 밖을 보고 있던 장기 숙박 손님이 나왔다.

"이거 주인한테 연락해야겠는데요? 문이 크게 손상되진 않은 것 같은데 자동문이라 모터에 이상이 있을지 모르겠네요."

"혹시 주인분 연락처 아세요?"

"네, 제가 연락할게요."

▲ 숙소 자동문   ▲ 살짝 긁힌 문   ▲ 흰둥이 상처

나는 시동을 끄고 다시 2층으로 올라가 거실에서 기다렸다. 그 장기 숙박 손님은 주인 내외분한테 번갈아 가며 전화했지만 아무도 받지 않았다. 나도 라트비아에서 가입한 자동차 보험 회사에 전화했다. 하지만, 라트비아 보험 회사는 영어를 하는 직원이 없다며 전화를 그냥 끊어 버렸다. 인터넷으로 그 회사의 다른 지점을 검색해 보니, 파리와 프랑크푸르트에 2개 지점이 더 있었다. 나는 곧바로 파리 지점으로 전화했지만, 연결이 되지 않았다. 마지막으로 프랑크푸르트 지점에 전화하니 잘못된 전화번호라며 연결을 할 수가 없었다.

우리는 그렇게 2시간 정도를 기다렸다. 정오쯤 되자 주인분이 전화를 받으셨고, 인근에 계셨는지 곧 오셨다. 주인 할아버지는 오시자마자 느긋하게 말씀하셨다.

"점심은 먹었어요?"

갑자기 웬 점심? 빨리 보험 처리를 하고 가야 하는데 너무 느긋한 게 아닌가? 그러더니 밖에 나가 문 상태와 내 차 상태를 확인하고는 주방에서 수프를 데우셨다.

"내가 직접 만든 수프인데 일단 이거 먼저 같이 먹읍시다."

"네? 네…."

▲ 마음 급한 우리는 느긋하게 전통 수프를 먹었다

그렇게 우리 넷은 같이 식탁에 앉아 프랑스 알자스 전통 수프를 먹고 커피까지 마셨다. 그리고 나서 보험 처리를 시작했다. 나는 "내 보험사에 전화 연결이 안 된다."라고 번역기를 통해 말했다. 주인분은 번역기를 통해 내가 독일어를 할 수 있으니 파리나 프랑크푸르트 지점에 연결이 되면 자기가 통화할 수 있다고 했다. 나는 나의 검색 능력을 총동원해 인터넷에 돌아다니는 모든 정보를 취합했고, 어렵게 전화번호를 찾아 프랑크푸르트 지점에 연결할 수 있었다. 그리고 내 보험 가입 증서와 여권 정보,

내 연락처, 숙소 주인 연락처와 함께 사고 내용에 대해 작성해서 메일을 보냈다. 보험 처리가 다 끝나고 주인과 나는 번역기를 통해 대화했다.

"이제 끝났습니다. 당신을 오래 기다리게 해서 죄송합니다."

"아니요, 별말씀을요. 사고를 내고 불편하게 해 드려 제가 죄송합니다."

"아닙니다. 당신은 휴가를 즐길 권리가 있습니다. 제가 당신의 시간을 너무 많이 뺏었습니다. 이제 가셔도 됩니다. 여행 즐겁게 하세요."

"감사합니다."

마지막으로 주인 할아버지는 이 말씀을 하시고는 인자한 미소를 지었다.

"항상 '빨리빨리'가 좋은 것만은 아닙니다."

 룩셈부르크-룩셈부르크(Luxemburg),
룩셈부르크에서 들키고 만 아들의 속마음

베네룩스라 불리는 세 나라 중 가장 작지만, 국민 소득은 약 11만 달러 (2019년)로 세계에서 가장 높은 나라 중 하나인 룩셈부르크. 12월 초인 지금은 대부분의 유럽 도시에 크리스마스 시장이 열려 도심지를 둘러보기에 좋은 시기이다. 우리는 아돌프 다리를 건너 크리스마스 시장이 열린 중앙 광장으로 갔다.

▶ 아돌프 다리 옆
공원에서

평소 같으면 몇 걸음만 걸으면 다리가 아프다고 했을 아들이 멀리서도 보이는 놀이 기구를 봐서인지 발걸음이 가볍다.

"아빠, 나 저거 타 볼래."

크리스마스 시장 한편에 있는 놀이공원에서 트램펄린과 회전목마, 각종 놀이 기구를 신나게 타고 아들과 놀았다. 아들 입에 막대사탕을 하나 물려 주고 호텔로 가기 위해 주차장으로 걸어가며 아들에게 말했다.

"태풍아, 너 태희라고 알지? 진태희."

"누구? 걔가 누구야?"

"우리 바닷가 같이 놀러 갔던 동생 있잖아. 아빠 친구 대경이 삼촌 아들."

"아~ 그때 조개 잡고 같이 잤던 애."

"그래~"

"그때 노래방에서 노래도 같이 불렀던 애."

"그래, 걔가 태풍이 많이 부러워한대. 우리 유튜브 매일 보고 자기도 여행하고 싶다고."

"에이~ 아빠, 걔는 아직 어려서 그래. 여행이 얼마나 힘든데."

"하하하. 그래? 아직 어려서 그런 거야?"

"그럼, 아직 어린애가 뭘 알겠어. 여행하려면 차도 많이 타야 하고 많이 걸어야 하고, 응? 또 한국 밥이랑 김치랑 먹고 싶은 것도 못 먹을 때 많고 인터넷도 느리고 얼마나 힘든데. 아직 걔가 어려서 몰라서 그래."

"하하하하하!"

나는 예상치 못한 어른스러운 대답에 웃음이 나오다가도 그동안 여행을 해 오며 살짝 보인 아들의 감정을 확인할 수 있어 미안한 마음이 들었다. 아들은 여행 중 한 번씩 '그만 한국에 갔으면 좋겠다.'라는 표현이 아주 살짝 나온 적이 있었다. 그래서 원래 계획한 것보다 여행이 짧아질 수도 있겠다는 생각은 하고 있었는데, 이렇게 예상치 못한 데서 속마음이 나온 걸 보고는 귀여우면서도 정말 미안한 마음이 들었다.

아들은 사실 여행하며 힘든 순간들이 많이 있었지만, 그냥 아빠랑 있으니 따라온 걸 수도 있다. 그래서 정말 고맙고, 미안했다.

'태풍아, 잘 따라와 줘서 고마워. 그리고 힘들면 언제든지 바로 돌아갈 테니까 우리 할 수 있는 데까지만 즐겁게 여행하자~ 사랑한다. 우리 아들!'

▲ 크리스마스 시장 놀이공원에서

 네덜란드-바를러나사우(Baarle-Nassau),
봐도 봐도 신기한 국경 마을

아침 일찍 숙소를 나와 독일, 네덜란드, 벨기에 3개국의 국경 분기점으로 갔다. 국경을 볼 수 있는 전망대 근처에 차를 주차하는데 한국 사람들이 다가왔다.

"와, 이거 한국 차예요?"

"네, 한국에서 운전해서 왔어요."

"얼마나 걸렸어요? 한국 차를 다른 나라에서 운전해도 돼요? 신기하다."

"한 2달 조금 넘게 걸렸어요. 한국 차도 외국에서 운전할 수 있습니다. 하하하."

"네, 즐겁게 여행하세요. 파이팅!"

한국 관광객들과 즐겁게 인사하고 우린 신기한 3개국 분기점을 돌아봤다.

▲ 3개국 국경 분기점

　우리나라는 다른 나라와의 경계 지점이 북한으로 막혀 있어 볼 수 없으니 더욱 신기했다. 아들은 한 걸음으로 독일과 네덜란드, 벨기에를 왔다 갔다 하더니 헷갈리며 재밌어했다.

　"아빠, 여긴 독일이야?"

　"아니, 거긴 벨기에야."

　"그럼 여긴?"

　"응, 거긴 네덜란드."

　우린 더 헷갈리는 마을인 바를러-나사우(Baarle-Nassau)와 바를러-헤르토우(Baarle-Hertog), 일명 국경 마을로 갔다. 이곳은 네덜란드와 벨기에의 국경에서 네덜란드 영토 쪽에 모자이크 몇 조각처럼 흩어진 벨기에 땅이 있는 곳으로 국경이 아주 복잡한 지역이다. 국경이 나뉘는 곳의 바닥은 흰색 페인트로 십자가 표시를 이어 놨다. 그리고 네덜란드 쪽 땅은 'NL', 벨기에 땅은 'B'로 표시해 놨다. 일부 건물과 도로는 국경을 정확히 따라

구분해서 지어진 곳도 있었지만, 건물 중간에서 국경이 나뉘는 곳도 있었다. 이런 곳은 양쪽 국가에서 모두 담당한다고 했다. 그리고 심지어 출입문 중간에 국경이 나뉜 집도 있었다. 이런 집은 양쪽 국가 중에서 주인이 국가를 선택할 수 있다고 했다.

이 마을은 재밌는 일화가 많은데 그중 제일 신기했던 건, 코로나19가 한창 유행일 때다. 식당 건물 중간에 국경이 나뉘면 벨기에와 네덜란드의 방역 지침을 각각 따라야 했다. 그런데 당시 벨기에보다는 네덜란드의 방역 지침이 더 느슨해 네덜란드 정부의 식당 영업시간이 더 길었다고 한다. 그래서 손님들이 벨기에 쪽 테이블에 앉아서 먹다가 벨기에의 영업시간이 종료되면 식당 안에서 테이블을 들고 네덜란드 쪽으로 넘어가서 식사를 계속했다고 한다. 그리고 지금처럼 유럽연합이 있기 아주 오래전에는 국가별로 세금 비율의 차이가 커서 술이나 담배 밀수도 많이 했다고 한다. 예를 들어 네덜란드 쪽으로 난 출입문으로 술이나 담배를 싼 가격에 잔뜩 갖고 들어가서 벨기에 쪽으로 난 창문을 통해 빼돌려 세금을 탈루하는 일도 많이 있었다고 한다. 한편으론 불편해 보이지만, 이런 이야깃거리가 많은 마을을 계속 이어 가는 것도 좋아 보였다.

▲ 바닥에 네덜란드와 벨기에 구분선이 있다

▲ 양쪽 문의 국경이 각각 다르다

네덜란드-암스테르담(Amsterdam),
외국 병원 앞에서 작아진 아들의 진짜 속마음

암스테르담 숙소에서 오랜만에 삼겹살을 구워서 아들과 서녁을 맛있게 먹고 설거지를 하는데 걱정이 가득한 표정으로 아들이 다가와 말했다.

"아빠, 사실은…."

"왜? 게임 하자고?"

"아니, 그게 아니라 태풍이 사실 아빠한테 숨긴 거 있어."

"뭔데?"

"사실은 나 이빨이랑 귀가 아픈 거 같아."

"어디? 어디야?"

"여기랑 여기가 그때부터 조금씩 아팠어."

"근데 왜 말 안 했어? 아빠가 아프면 바로바로 말하랬잖아."

"외국에서 병원 가면 무서울까 봐 참았어. 미안해."

'큰일이다.'

안 그래도 치아는 아직 유치가 남아 있어 유치가 흔들거리는지 한 번씩 뭔가 이상하다 싶어 물어보면 아들은 늘 아픈 데가 없다고 말했었다.

거기에 귀까지 아프다니 큰일이다. 바로 인터넷으로 주변 병원을 검색하고 다음 날 바로 치과부터 찾아갔다.

"죄송하지만, 예약이 다 되어 있어서요. 예약부터 하셔야 합니다."

"그럼, 언제 예약을 할 수 있나요?"

"이틀 뒤 저녁에 시간 괜찮으신가요?"

"잠시만요."

혹시 다른 곳은 바로 진료를 받을 수 있을까 싶어 검색 후 바로 찾아갔다. 다른 곳도 예약이 다 차 있었고, 어린이 치과는 최소 이틀 전에는 예약해야 자리가 있다고 했다. 다시 나와서 일단 이비인후과를 찾아갔다. "우리는 지금 여행 중이고 아들이 귀가 아프다."라고 얘기하니 조금 기다리다 진료를 받을 수 있었다.

"귀 안이 많이 안 좋은데요. 4주 이상은 치료를 받아야 할 거 같아요. 염증이 있어요. 바로 예약해 드릴까요?"

"4주요? 아…. 잠시만요."

나는 한국에 있을 때도 아들을 이비인후과에 데려가서 단순한 귀지 제거 진료를 받은 적이 몇 번 있었다. 그런데 한 번은 단순한 귀지 제거 진료를 그것도 이비인후과 전문의에게 받았을 때다. 어린이는 귀가 작고 예민해서인지 아들은 귀 안에 상처가 나서 밤새 고열과 함께 1주일 넘게 치료를 받았던 적이 있었다. 순간 그 기억이 떠오르며, 이곳에서 아들 귀 치료를 그것도 4주일 이상 받아야 한다니 걱정이 이만저만이 아니었다.

'여기에 아직 치과 진료는 받지도 못했는데 어쩌지!'

슈퍼컴퓨터의 속도로 시나리오를 돌려 보며 고민을 끝낸 나는 차라리 한국으로 잠시 돌아가기로 했다.

"혹시 지금 당장 치료를 받지 않으면 큰일 날 정도로 심각한가요?"

"그 정도는 아니지만, 아무튼 치료는 빨리 받아야 합니다."

"한 열흘 정도 뒤에 한국에 가서 치료해도 괜찮을까요?"

"음, 심각해지거나 그럴 정도 같진 않지만 그러면 일단 약 처방이라도 해 드릴게요."

"감사합니다. 그러면 약 처방만 받고 우리 한국 가서 치료를 받을게요."

그렇게 나는 항공편 예약이 가능한, 암스테르담에서 가장 가까운 곳에 있는 공항을 찾았고, 스페인 바르셀로나 공항에서 한국으로 가는 비행기를 바로 예매했다.

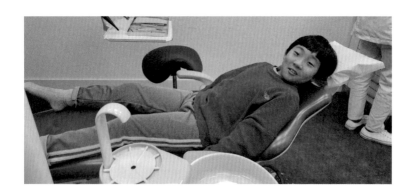

▲ 암스테르담 병원에서 진료받은 아들

"태풍아, 우리 며칠 후에 한국에 갈 거야."

"왜? 이제 여행 안 해?"

"아니, 태풍이 병원 치료를 여러 번 받아야 한대. 그래서 차라리 한국에 가서 치료 다 받고 다시 오려고."

"그래? 난 여행 좋은데. 그냥 여기서 계속 여행하면 안 돼?"

"지난번엔 네가 여행 힘들다고 했잖아. 며칠 전엔 아빠한텐 여행 언제까지 하느냐고 한국 가면 안 되냐고 물어봤었잖아."

"그땐 그랬는데…. 이젠 여행 재밌는데…."

"끝나는 거 아니고 치료 다 받고 다시 올 거야."

아들은 나에게 여행이 얼마나 남았는지 물어본 적이 몇 번 있었다. 그때마다 힘드냐고 물어보면 조금 힘들다고 했었다. 그래서 이왕 이렇게 된 거 차라리 한국에 잠시 갔다 오는 것도 나쁘지 않겠다고 생각했는데…. 웬걸, 이젠 정작 간다고 하니 서운한지 계속 여행을 하고 싶다며 울먹였다.

'태풍아, 진짜 너의 속마음을 말해 줘~'

▲ 물의 도시 암스테르담

네덜란드-암스테르담(Amsterdam),
흑인 우버 기사님에게 맞아 죽을 뻔한 이야기

나는 반 고흐 미술관 근처에 주차하고 아들과 시내를 걸었다. 암스테르담은 곳곳에 미술관과 박물관뿐만 아니라 산책할 수 있는 공원이 많아 볼거리가 넘쳤지만, 아들은 20분도 안 돼 다리가 아프다고 투정을 부렸다. 마침 비도 오락가락해 앉아 쉴 겸 운하 유람선을 타러 갔다.

"태풍아, 그러면 우리 배 타러 가자."

"배? 어디서?"

"여기 암스테르담은 시내에 '운하'라고 불리는 강이 많거든? 그 강을 배가 버스처럼 다녀. 그거 타고 좀 앉아서 쉬자."

"재밌겠다. 그래, 아빠!"

아들은 암스테르담이라는 도시와 운하보다는 그저 배로 좁은 수로를 지나가는 게 신기했는지 연신 싱글벙글거렸다.

"아빠, 배가 저 다리 밑으로 들어가. 안 부딪히나?"

"그럼, 여기 운전하시는 분들이 완전 도사님이거든."

"아빠, 너무 재밌어요."

▲ 암스테르담 운하 유람선　　　　　▲ 유람선 안에서 본 암스테르담 풍경

그렇게 40분 정도 운하를 타며 시내를 구경하고 종착점이 보이자 나는 빨리 우버 택시를 호출했다. 시간을 아끼려 도착 시각에 맞춰 부르려고 했는데 하필 요청한 지 1분도 안 돼 바로 기사가 도착지로 오고 있었다. 이제 빨리 배에서 내려 계단만 올라가면 되는데 배가 앞으로 갔다 뒤로 갔다 하며 주차(?)하는 데 생각보다 시간이 오래 걸렸다. 그 순간 우버 기사에게서 전화가 왔다.

"우버 기사입니다. 도착했는데 지금 어디에 계세요?"

기사는 독일어 발음이 섞인 영어로 말을 했다.

"죄송합니다. 지금 유람선 종점인데 아직 안 내려서요. 곧 갑니다. 1분만 기다려 주세요."

"여기는 일방통행이라 기다릴 수가 없어요. 한 바퀴 돌고 다시 올게요."

내가 우버 택시를 부른 곳은 유람선 승하차장 근처로 차량과 사람들이 많이 다니는 곳이어서 차량이 한곳에 정차할 수가 없었다. 그래서 택시 기사는 멀리 있는 길을 한 바퀴 다시 돌아오려는 듯했다. 그런데 문제는 우리가 탄 유람선은 하차장인 육지에 거의 다 붙었는데도 하차시키는 데 시간이 너무 오래 걸렸고, 결국 우버 택시 기사에게서 두 번째 전화가 왔다.

"우버 기사입니다. 지금 어디세요?"

"정말 죄송해요. 이제 거의 다 내렸는데 금방 갈게요."

"차가 막혀서 더는 여기서 못 기다려요."

기사는 화가 많이 난 말투로 말하고는 전화를 끊었다. 그래서 난 기사가 우리 요청을 취소한 건지 확인하려고 (차라리 취소해 주길 바랐지만) 우버 앱을 보니, 아직 취소된 건 아니었다. 택시의 이동 경로를 보니 우리가 있는 곳에서 한 200m 정도 떨어진 곳에 정차하고 있는 게 보였다. 때마침 우리는 유람선에서 내렸고 '아, 여기는 차가 많아서 좀 한가한 데 세워 놓고 기다리는가 보다.' 생각이 들어 아들과 헐레벌떡 그 위치로 뛰어갔다. 그랬더니, 그 차량도 뒤의 차들에 떠밀려서인지 계속 앞으로 조금씩 이동하는 게 아닌가? 그래서 이번에는 내가 그 기사에게 전화했다.

"지금 어디 가시나요? 저 지금 당신이 있는 곳에 거의 다 왔어요."

"지금 어디세요? 자꾸 기다리라고만 말하고 어떡하라는 거예요?"

화가 아주 많이 난 기사는 전화기에 소리쳐 댔다.

"죄송합니다."

나는 쥐구멍에 들어가는 목소리로 대답했다. 그러자 기사는 "아까 그 자리로 갈 테니 거기 계세요."라고 소리치고는 전화를 끊었다. 그렇게 우리는 다시 원래 만나기로 한 곳으로 뒤돌아서 허겁지겁 뛰기 시작했다. 우버 앱의 이동 경로를 보니 기사는 한 바퀴 돌아 원래 만나기로 한 자리까지 거의 도착한 게 보였고, 우리는 얼굴이 사색이 돼 전속력으로 달렸다. 저 멀리 택시가 정차하고 기사가 차에서 내려 주변을 두리번거리고 있었다. 아들과 나는 100m 전방에서 손을 흔들고 소리치며 뛰어갔다. 결국, 가까스로 우리는 그 택시에 타게 되었고, 타자마자 그 흑인 기사는 샤우팅을 해 댔다.

"Itslhfowhifowh!"

우리가 탄 차가 대중적인 브랜드의 작은 차였으면 조금 덜 미안했을 거 같았는데, 하필이면 기름도 엄청 많이 먹을 것 같은 독일 브랜드의 최고급 세단이어서 나는 더 기가 죽어 버렸다. 게다가 기사님은 키도 190cm는 족히 돼 보였고, 검은 피부에 송아지 눈처럼 크고 하얀 눈알에서 쏜 레이저가 내 옆통수를 뚫을 기세였다. 나는 도착지까지 숨죽이고 연신 "쏘리, 쏘리!"만 하다 조용히 내렸다.

'기사님, 죄송해요. 우리가 일부러 그런 것도 아닌데.'

#40

 네덜란드-헤이그(Den Haag),

10년 만에 다시 찾은 이준 열사 기념관

▲ 암스테르담 근교 잔세스칸스 풍차마을에서

　나는 아들과 암스테르담 근교에 있는 잔세스칸스(De Zaanse Schans)의 풍차 마을을 둘러보고 50분 거리의 헤이그로 갔다.

※ 헤이그 특사와 이준 열사

1905년 체결된 대한제국과 일본의 강제 을사늑약에 대한 부당함을 알리기 위해 1907년에 열린 제2차 만국평화회의 개최 장소인 네덜란드 헤이그에 고종 황제가 보낸 이상설, 이준, 이위종 등 3인의 특사.

이 3인은 고종 황제의 특명을 받아 러시아에서 시베리아 열차를 타고 아주 어렵게 유럽에 도착해 네덜란드 헤이그까지 갔지만, 결국 일본의 방해로 회의 장소에 참석할 수 없었고, 결국 이준 열사는 헤이그에서 순국하였다.

우리 부자는 러시아에서부터 20,000km를 달려 2달 만에 네덜란드 헤이그에 도착했다. 지금같이 여행하기 편한 시대에 심지어 개인 차량으로 운전해서 오는 것도 이렇게 힘들었는데, 100여 년 전에 식민지 국민으로서 일본의 감시를 피해 이곳까지 오려면 얼마나 힘들었을지 나는 감히 상상도 하지 못할 것 같았다. 그런 헤이그에 도착해 바로 찾아간 곳은 바로 '이준 열사 기념관'이었다. 나는 우리의 그간 여행 경로와 비슷하기도 하고 아들에게 역사 교육을 하고자 여행 출발 전부터 이곳에 방문할 계획이었다.

"태풍아, 여기가 네덜란드의 수도인 '헤이그'라는 도시거든. 그런데 옛날 100년 전에 일본이 우리나라 사람을 괴롭히고 강제로 한국을 빼앗았던 적이 있어. 그때 '일본이 잘못했어요. 한국 도와주세요.'라고 말하기 위해서 한국에서 여기까지 온 사람이 있었거든. 그런데 그때 일본이 방해해서 성공하지는 못하고 여기서 돌아가셨대."

"왜? 일본 사람이 죽었어?"

"아니, 그건 모르는데 아무튼 일본이 방해해서 성공하진 못했었고, 그때 그분들이 주무셨던 호텔이 이 건물이야. 그래서 나중에 한국 사람이 이 건물에 박물관을 만든 거야."

"아, 훌륭한 사람이네. 근데 그 사람이 누구야? 돌아가신 분?"

"이준 열사라고 나중에 학교에서 배울 거야. 한번 들어가 보자."

▲ 헤이그 이준 열사 기념관에서 태극기를 들고

나는 10년 전인 2012년 11월에 방문한 적이 있었는데 그때 방명록에 이름을 적고 마음속으로 생각했었다. '나중에 10년쯤 뒤에 또 와야겠다.' 그리고 정말로 10년 만에 아들과 함께 온 것이다. 관장님은 우리의 여행 얘기를 들으시곤 반가워하시며 귀한 컵라면도 내주셨다. 함께 점심을 먹으며 이런저런 얘기를 나누다 내가 10년 전에 여기에 왔었고, 방명록에 기록도 했었다고 하니 관장님께서 과거 방명록을 찾아다 주셨다. 그리고 정말 10년 전에 내가 기록한 내용이 남아 있어 아들에게 보여 줬다.

"와, 태풍아! 정말 아빠가 10년 전에 쓴 게 여기 남아 있어."

"와, 진짜네? 신기하다. 아빠, 나도 쓸래."

"그럴까? 그럼 태풍이도 나중에 아들이랑 꼭 다시 와."

"알겠어."

아들은 아빠가 부러운 듯이 자기도 방명록에 글씨를 또박또박 써 내려

갔다.

오태풍 방명록 기록

여행을 처음 해서 느꼈습니다.

여행은 힘이 든다는 것을 느꼈다.

하지만 재밌습니다.

대한민국 파이팅!

2022년 12월 7일

오태풍

▶ 방문록에 기록 중인 아들

#4 1

 벨기에-브뤼셀(Brussel),
자유분방한 유럽의 수도에서 떠오른 생각

유럽연합(EU) 본부와 유럽연합 집행위원회, 그리고 북대서양조약기구(NATO) 본부가 있는 벨기에의 수도 브뤼셀은 '유럽의 심장'으로 불리는 중요한 도시이지만, 주요 기관이 많이 위치한 탓에 각종 시위와 테러가 자주 일어나는 곳이기도 하다. 나는 브뤼셀 시내에 주차하고 아들과 벨기에의 상징을 보러 갔다. 내가 생각하는 벨기에의 3대장은 〈오줌싸개 동상〉, 그랑플라스, 그리고 와플이다.

"태풍아, 이게 〈오줌싸개 동상〉이라고 여기 벨기에에서 가장 유명한 조각 작품이야."

"아빠, 근데 머리에 뭘 썼는데?"

"아, 이게 워낙 나라의 상징처럼 유명하다 보니까 특별한 날에는 모자나 옷을 입혀 놓곤 해. 예를 들면 성탄절에는 산타 할아버지 옷을 입히고, 군인을 위하는 날에는 군복을 입히고."

"그러면 저건 소방관 옷이랑 모자 같은데 오늘이 소방관의 날인가 보다."

"그래, 아마도 그런 거 같아. 근데 동상이 되게 작다. 그렇지?"

"응, 진짜 오줌 싸고 있는 아기 같아."

▲ 브뤼셀 오줌싸개 동상

세계적인 작품 중에 막상 실제로 보면 실망을 넘어 허탈(?)하기로 유명한 작품이 몇 개 있는데 그중 하나가 바로, 이 〈오줌싸개 동상〉이다. 구석 한 귀퉁이에 있는 생각보다 작은 크기는 명성에 비해 초라하기까지 하다. 우리는 다시 브뤼셀의 중심 '그랑플라스(Grand Place)'로 갔다. 프랑스어로 그랑(Grand)이 큰, 플라스(Place)는 광장이니 큰 광장, 중앙 광장쯤 되는 곳이다.

▲ 아주 화려한 그랑플라스 광장

이곳은 프랑스의 작가 빅토르 위고가 '세계에서 가장 아름다운 광장'이라고 한 곳으로 광장 주변에 브뤼셀 시청 건물과 박물관뿐만 아니라 건물들 모두 아주 화려하고 볼거리가 넘쳐 난다.

우리는 광장이 아주 잘 보이는 1층 카페에 들어가서 와플과 감자튀김을 먹었다. 100년이 넘은 전통을 가진 카페에서 그랑플라스 광장을 바라보며 먹는 따뜻한 커피와 와플은 맛이 없을 수가 없었다.

▲ 오리지널 벨기에 와플과 감자튀김

다시 광장으로 나와 골목을 걷다 횡단보도 앞에서 신호를 기다리고 있었다.

"아빠, 신호등이 아직 빨간불인데도 그냥 다 건너는데?"

"어? 그러네? 여긴 파란불까지 기다리는 사람이 이상하게 보인다."

지금껏 유럽뿐만 아니라 많은 나라를 여행해 봤지만, 대부분의 국가에선 신호등과 횡단보도를 지키지 않는 사람을 보기가 힘들었다. 하지만,

이곳 브뤼셀은 횡단보도 근처에서 무단횡단자들이 넘쳐 났다. 그리고 오늘은 수요일인데도 원래 환경미화원이 없는 건지 도시 중심지의 유명한 관광지인데도 거리는 쓰레기로 지저분했다. 나는 순간 '브뤼셀은 왜 이렇게 올 때마다 지저분하지?'라고 생각하며 벨기에에서의 일정을 되도록 짧게 잡은 걸 다행이라 생각했다. 하지만, 며칠 뒤 문득 나는 그런 생각이 들었다.

'과연 저런 세계적인 도시에서 무단횡단을 하는 사람들이 벨기에 사람들만 있을까? 그리고 쓰레기는 벨기에 사람들만 버린 걸까?'

수많은 관광객이 섞여 있는 도시의 지저분함은 그 나라 시민들만의 잘못은 아닐 것이다. 그러니 저런 모습을 벨기에와 브뤼셀의 모습으로 생각하진 말자. 자유와 개개인의 권리를 중요시하는 '자유분방한 도시'로 생각하면 어떨까?

프랑스-파리(Paris),
호텔에 돌아와 느낀 9살 아들의 현타

파리는 에펠탑과 샹젤리제, 루브르 박물관, 센강 등 볼거리가 넘쳐 나는 아름다운 도시이다. 시내에 들어오자 여기저기 자동차 경적과 구급차, 경찰차의 사이렌 소리로 시끄러웠다. 파리에 와 본 적은 몇 번 있었지만, 항상 대중교통으로 이동했던 터라 교통지옥이란 악명은 익히 들었지만, 직접 체험한 것은 처음이었다. 어둡기 전에 호텔에 도착해야 하는데 10km 정도를 남겨 두고 도착 예상 시간이 점점 더 늦어졌다.

"태풍아, 이제 다 왔는데 차가 많이 막히네. 조금만 참자."

"아빠, 밖에 왜 이렇게 시끄러워?"

"그러게 꼭 전쟁 난 거 같다."

시내는 온통 사이렌 소리와 경적으로 아주 시끄러웠다. 시내에서만 1시간 넘게 교통체증에 시달리다 간신히 숙소에 갈 수 있었다. 다음 날, 우리는 제일 먼저 에펠탑을 보러 갔다.

▲ 파리 에펠탑

"짜잔~"

"우와~ 아빠, 저게 에펠탑이야? 진짜 에펠탑이네. 신기하다."

"그래, 저게 높이가 300m야. 가까이서 보면 엄청 더 커."

우리는 트로카데로(Trocadero) 정원을 지나 센강이 보이는 이에나 다리 (Pont d'Iena)로 가서 에펠탑을 보며 핫도그를 먹었다.

"태풍아, 우리 이거 먹고 에펠탑 올라갈 거야."

"저기 올라간다고? 나 고소공포증 있는데?"

"괜찮아. 아빠랑 가는데, 뭘."

그렇게 나는 아들을 달래 가며 에펠탑 계단 입구까지 갔다.

"태풍아, 올라가다 무서우면 바로 내려오면 되니까 한번 도전해 보자."

"나 너무 무서운데…. 알았어. 한번 해 볼게."

그렇게 50개, 100개, 200개, 한참을 걸어 총 330개의 계단을 올라 전망 대에 도착했다.

"아빠, 나 다리가 후들거려."

"아이고, 장하다! 우리 아들! 이제 다 왔어. 초등학생이 계단을 걸어서 에펠탑에 올라오고. 대단하네.”

우선 카페로 가서 투덜대는 아들 입에 마카롱을 물려 줬다.

“아빠, 이제 살 것 같아. 맛있다.”

이럴 때 보면 진짜 강아지같이 느껴졌다. 아들은 아무리 힘들거나 아
파도 맛있는 걸 먹여 주면 함박웃음을 지으며 즐거워한다. 사실 파리에
오기 전 나는 걱정이 많았다.

▲ 330m의 에펠탑

▲ 330개의 계단으로 올라간 전망대

'파리는 정말 볼 게 많은데…. 어떻게 아들을 설득해 데리고 다니지?'

그래서 '금강산도 식후경'이란 속담, 즉 맛있는 걸 먼저 먹인 후 기분
좋을 때 서둘러 데리고 다니기로 했다. 에펠탑 계단을 오르기 전에는 핫
도그를 먹이고, 노트르담 성당에 가기 전에는 마카롱을 먹이고, 루브르
박물관 전에는 막대사탕을, 마지막 저녁놀로 물든 파리 시내를 볼 수 있
는 대관람차를 타기 전에는 솜사탕을 먹였고, 결과는 대성공이었다.

▲ 노트르담 대성당　　　▲ 루브르 박물관　　　▲ 놀이공원 대관람차

　아들은 송아지 같은 작은 다리로 15,000보나 걸으며 파리 관광을 무사히 마칠 수 있었다. 비록 숙소에 와서는 현타를 느끼며 나에게 속사포처럼 투정을 쏟아 내긴 했지만, 그래도 볼거리 많은 파리를 짧게나마 아들과 둘러볼 수 있었다.

　'태풍아, 힘들었지만, 그래도 나중엔 기억에 많이 남을 거야. 아빠, 이해해 줘~'

모든 걸 가능하게 해 준 간식, 그중에서도 일등공신은 솜사탕이었다 ▲

태풍이 일기

아침에 씻고 바로 파리 에펠탑을 보러 갔다. 에펠탑이 엄청나게 컸다. 아빠랑 계단으로 올라갔는데 계단이 엄청 많아서 힘들었다. 무서워서 꼭대기까지는 못 갔지만 그래도 재밌었다. 그런데 아빠가 파리는 나랑 가 볼 데가 많다며 계속 걸어서 다리가 아팠다. 루브르 박물관이랑 성당에도 갔는데 다리가 아파서 못 가겠다고 하니까 내가 제일 좋아하는 솜사탕을 사 주셨다. 너무 맛있었다. 먹는 동안 아빠가 다리를 주물러 주셔서 힘이 났다. 그래서 대관람차도 탔는데 무서웠지만 재밌었다. 마지막에는 개선문도 보고 호텔에 왔는데 오늘 15,000걸음이나 걸었다. 아빠가 평소에 나는 10,000걸음 걸으면 많이 걸은 거라고 했는데 15,000걸음이나 걸은 거였다. 또 아빠한테 속은 기분이다. 그래도 저녁에 소고기를 구워 먹었는데 맛있었다. 오늘은 아빠랑 게임을 많이 하고 자야겠다.

 스페인-산티아고 데 콤포스텔라(Santiago de Compostela),
아빠 가슴을 울린 아들의 한마디

우리에겐 '산티아고 순례길'의 종점으로 유명한 스페인의 산티아고 데 콤포스텔라.

"산티아고 순례를 다녀오면 천국으로 직행할 수 있다. 산티아고로 떠나라."

약 1천 년 전 교황의 이 한마디에 세계적인 순례길이 되었고, 그 천국으로 갈 수 있는 순례길의 종착점인 산티아고 대성당으로 갔다. 비가 추적추적 내리는 날, 광장에서 본 대성당은 아우라가 느껴졌고, 무언가 말 못 할 감정이 솟구쳤다. 누군가에게는 순례길의 종점이지만, 우리는 아직 한창 여행 중임에도 불구하고 무언가 장엄함이 느껴졌다. 그리고 나는 속으로 다짐했다.

'나중에 꼭 아들과 순례길을 걷고 이 광장 바닥에 누워 성당의 첨탑과 하늘을 바라보겠노라.'

▲ 산티아고 순례길의 종점인 산티아고 대성당

숙소에 돌아와 아들과 돼지고기를 맛있게 먹고 씻었는데 오랜만에 아빠의 머리를 본 아들이 말했다.

"아빠, 머리가 너무 하얀데."

"아, 아빠 염색한 지 오래돼서 그래. 매일 밥하고 운전하고 바쁘니까 시간이 없어서."

"아빠, 지금 빨리 염색해. 그냥 나 혼자 놀고 있을게."

"아빠랑 게임 하기로 했잖아. 이제 조금 있으면 자야 하는데."

"괜찮아. 오늘은 나 혼자 놀게. 아빠 얼른 염색해."

"왜? 머리가 하얘서 보기 싫어?"

"아빠가 사람은 머리가 하얘져서 흰머리만 남으면 하늘나라에 가는 거라고 했잖아. 그러니까 얼른 염색해."

"아, 아직 검은 머리 많이 있어. 걱정하지 마."

"아냐, 그래도 빨리 염색해."

몇 해 전 염색하는 아빠를 보며 묻길래 "사람은 검은 머리가 다 변해서 흰머리만 남으면 하늘나라에 가. 아빠도 나중에 나이 더 먹으면 흰머리만 남고 하늘나라에 가겠지."라고 말해 준 적이 있었다. 아들은 오랜만에 모자를 벗은 아빠의 머리를 보더니 바빠서 염색을 못 한 아빠의 흰머리가 마음에 걸렸나 보다. 나는 아들의 순진한 한마디에 겉으론 가볍게 웃었지만, 자리에 누워 눈을 감고는 아빠를 생각하는 아들의 진심에 눈물이 났다.

'태풍아, 걱정하지 마. 아빠는 오래오래 살아서 손자랑 여기 다시 올 거야.'

#44

 포르투갈-포르투(Porto),
한 달은 살고 싶은 아름다운 도시

인구 23만 명이 사는 포르투갈 제2의 도시 포르투에 도착한 후 히베이라 광장으로 갔다. 해 질 무렵의 히베이라 광장은 풍광이 아주 멋있었다. 에펠탑 건축가 구스타브 에펠의 제자가 만든 루이스 1세 다리와 강변의 가파른 주택은 프랑스나 독일의 도시에서는 볼 수 없는 풍경이었다. 그리고 포르투갈만의 특색인 아줄레주 건축물은 잘 관리된 골동품을 보는 것처럼 아름답고 우아했다.

▲ 해리포터 속 렐루서점

▲ 벽 타일이 아름다웠던
카르모 성당

▲ 낡았지만 아름다운
포르투 골목

나는 포르투를 보고는 문득 그런 생각이 들었다.

'잘 관리된 골동품과 그냥 낡아서 방치된 물건의 차이가 이런 게 아닐까?'

포르투는 그냥 낡아서 볼품없는 게 아닌 잘 관리된 골동품 같았다. 거니는 골목마다 건물은 아주 많이 낡았지만, 눈에 거슬리거나 불쾌하지 않고, 거리와 잘 어울렸다. 아들과 여행하면서 처음으로 '아, 여기 다시 와서 한 달 정도 살아 보고 싶다.'라는 생각을 했다.

"태풍아, 아빠 여기 너무 좋다. 우리 여기서 한 달 살까?"

"응, 나는 아빠랑 있으면 좋지~"

"태풍이도 낮에는 여기 놀이터에서 포르투갈 어린이들이랑 놀고 밤엔 아빠랑 집에서 놀고 그래도 좋겠다."

"밥은? 우리 쌀 얼마 안 남았잖아?"

"아빠가 구하면 다 구할 수 있지~"

"고추장이랑 김치도?"

"그럼, 찾아보면 다 있을 거야. 아무튼, 정말 여기에서 한 달 정도 살고 싶다."

'아줄레주'라는 알록달록 예쁜 문양이 있는 타일로 만든 전통 방식의 주택이 일렬로 들어서 있는 거리를 걷다 푸니쿨라를 타고 루이스 1세 다리 위로 갔다.

▲ 알록달록 예쁜 타일이 인상적인
아줄레주 주택

▲ 포르투의 야경

"아빠, 여기 엄청 높아서 무서운데."

"괜찮아. 아빠 손잡고 가 보자."

높이가 상당해 아래를 보면 아찔했지만, 그만큼 경치는 정말이지 예술이었다.

"태풍아, 아무래도 아빠, 여기는 꼭 다시 와야 할 거 같다. 너도 기억해놔. 여기 도시 이름이 '포르투'야."

▼ 포르투 히베이라 광장

 포르투갈-리스본(Lisbon),
세상에서 가장 맛있는 에그타르트

　오늘은 포르투 숙소에서 나와 리스본으로 가는데 300km 정도 운전을
해야 한다. 고속도로가 있어 들어갔는데 출구 요금소에서 계산하니 5만
원이나 나왔다. 고속도로 구간은 250km 정도밖에 안 되는데 포르투갈
물가에 비하면 우리나라보다 거의 5배 이상 비싼 것 같았다.

　'어쩐지 고속도로에 들어서니 차가 별로 없더니만 다들 비싸서 국도로
다닌 거군.' 하고 후회했다.

　리스본 시내에 도착한 후 대성당을 보려고 주차장을 찾는데 몇 바퀴째
주변을 돌아도 주차할 자리가 없었다. 마음 같아선 좀 멀리 떨어진 곳에
주차하고 걸어갔으면 좋겠는데, 아들이 다리 아프다고 투정을 부릴까 봐
항상 주차는 최대한 가까운 곳에 해야 한다.

　"태풍아, 주차 자리가 없네. 조금만 기다려."

　"아빠, 나 또 쉬 마려운데."

　"그래, 기다려 봐. 아마 금방 자리 생길 거야."

　같은 골목을 세 바퀴쯤 돌다 가파른 언덕길로 들어서니 자리가 있어

바로 주차하고 내렸다.

"얼른 화장실부터 가자."

나는 노란색 작고 낡은 트램에 계속 눈이 갔지만, 아들 눈치가 보여 화장실부터 찾았다. 어렵게 찾은 화장실에 아들을 들여보내고 나는 도시 풍경에 흠뻑 빠져 버렸다. 좁고 가파른 언덕길을 천천히 운행하는 작고 노란 트램은 정말로 도시 풍경과 잘 어울렸고, 만든 지 적어도 50년은 넘어 보였지만, 그래서 도시와 더 잘 어울렸다.

"아, 정말 리스본은 트램이 상징인 거 같다. 너무 예쁘다."

"아빠, 나 배고파."

"어? 쉬하고 나니까 이제 바로 배고파? 얼른 뭐 먹으러 가자."

리스본 전경을 볼 수 있는 산타루치아 전망대에 가서 토스트와 에그타르트를 시켰다.

"태풍아, 여긴 에그타르트가 유명한 나라거든. 포르투갈에서 제일 처음 만들었대. 먹어 봐."

"진짜? 여기가 원조야?"

"아니, 원조는 다른 집인데 아무튼 여기 도시에서 처음 만들었대."

▲ 리스본 대성당

▲ 리스본 전경

아들과 리스본 시내를 내려다보며 먹는 타르트는 정말 꿀맛이었다. 숙소에 돌아와 아들을 쉬게 하고 나 혼자 나와 '발견기념비'까지 잠깐 산책하러 나갔다. 발견기념비는 과거 인도 항로를 개척했던 바스쿠 다가마(Vasco da Gama)의 출정식이 열린 위치에 세워진 기념물로 벨렝탑과 가까운 곳에 있었다. 1km도 안 되는 거리인데 돌아오는 길에 갑자기 소나기가 내렸다. 나는 급히 비를 피해 제로니무스 수도원으로 들어갔다. 20분쯤 지나자 큰 비가 그쳐 서둘러 호텔로 뛰어가는데 중간에 무언가가 나를 자석처럼 끌어당겼다. 간판을 올려다봤더니, 어디서 많이 본 이름이 있었다.

〈파스테이스 드 벨렝(Pasteis de Belem) 1837〉, 바로 에그타르트 원조로 유명한 집이었다. 평소에는 대기 순번도 있다는데 소나기가 온 뒤라 그런지 사람이 없었다. 서둘러 몇 개 주문하니 금방 가져다줘 나는 가벼운 발걸음으로 숙소로 갔다.

"태풍아, 이거 한번 먹어 봐. 이게 아까 아빠가 말한 세계에서 제일 처음 에그타르트 만든 집에서 만든 거야."

"냠냠~ 아빠, 엄청 맛있는데?"

"그래? 아빠도 소문만 들어 봤고 먹는 건 처음인데…. 음~ 와! 아까 먹은 것보다 훨씬 맛있네. 진짜 맛있다."

빵이나 단 음식을 별로 안 좋아하는데 한국에서 몇 번 먹어 본 타르트와는 정말 다른 맛이었다. 달지도 짜지도 않고 심심한 맛에 촉감은 아주 부드러운, 그냥 한국에 몇 상자는 가져가서 두고두고 먹고 싶은 맛이었다.

▲ 리스본 벨렝탑 공원에서

돼지 아빠와 원숭이 아들의 휘둥이랑 지구 한 바퀴

 포르투갈-호카곶(Cabo da Roca),
세상의 끝에서 바라본 석양

※ **유라시아 대륙**: 아시아와 유럽이 속해 있는 세상에서 가장 큰 대륙으로 세
계 육지의 40%를 차지하며, 동서 방향의 길이가 직선 거리
로 10,000km가 넘는 땅.

우리 부자는 블라디보스토크에서 70일 동안 23,000km를 달려 유라시
아 대륙의 가장 서쪽 지역인 호카곶(Cabo da Roca)에 도착했다. 그동안 말
한마디 안 통하는 러시아를 지나며 시베리아에서는 이석증에 걸려 쓰러
졌었고 북위 66도를 넘어 북극 땅에도 발을 디뎠었다. 그리고 알프스산
맥을 넘고, 낭만적이지만 운전할 때는 교통지옥인 파리를 지나 유라시아
대륙의 가장 서쪽 땅까지 오니 감회가 새로웠다.

▲ 유라시아 대륙의 가장 서쪽에 있는 땅, 호카곶

"태풍아, 여기가 호카곶이라고 우리가 사는 '유라시아'라는 대륙의 가장 서쪽 땅이야."

"우와~ 우리 그럼 이제 도전 다 끝난 거야?"

"그렇지. 아프리카도 가긴 할 거지만, 여기만 보고 달려왔으니까 도전은 성공한 거지. 아빠는 여기 오니까 숙제를 다 한 거 같기도 하고 후련하다."

흰둥이를 주차장에 세우고 유라시아 대륙 최서단 기념비까지 걸어갔다. 가까이 가니 관광객들은 모두 사진과 영상을 찍고 있었고, 색소폰을 연주하시는 분도 계셔 분위기가 좋았다. 때마침 서쪽에는 바다 위로 태양이 지고 있어 나도 모르게 눈물이 흘렀다.

'드디어 무사히 왔구나! 수고했다, 영식아!'

나는 왠지 모를 안도감에 마음이 편안해지며 가슴이 울렁거렸다. 아들이랑 기념사진과 영상을 찍고 주차장으로 갔다.

"태풍아, 여기 주차장에서 흰둥이랑 뒤에 저 기념비랑 같이 나오게 단체 사진 찍자."

"저기 좀 먼데 다 나올까?"

"응, 나올 거 같아. 우리가 언제 이렇게 여기 다시 올 수 있겠어?"

"나중에 또 오면 되지. 왜 못 와?"

"아니, 올 수도 있지만 세상에 좋은 데가 아주아주 많은데 여기는 다시 못 올 수도 있잖아. 그리고 와도 이제 흰둥이는 같이 못 올 거야. 그러니까 우리 다 같이 사진 찍자."

찰칵!

▶ 호카곶 기념비에서

▼ 흰둥이와 단체사진

태풍이 일기

오늘 아빠랑 호카곶이라는 곳에 갔다. 리스본에서 멀지 않았는데 가 보니 사람들이 많이 있었다. 주차장에 흰둥이를 두고 기념 비석에 갔는데 음악을 연주하고 사람들이 사진을 찍고 있었다. 아빠는 드론도 날리고 사진이랑 영상을 많이 찍었다. 그리고 아빠는 여기에 이제 다시 못 올 수도 있으니 흰둥이랑 같이 사진을 찍자고 했다. 내가 왜 다시 못 오느냐고 다시 또 올 거라고 했더니, 아빠는 오면 되는데 혹시 또 못 올 수도 있으니 찍는 거라고 했다. 어른들은 여기가 중요한 데인가 보다. 나도 도전에 성공했다고 하니까 기분이 좋았다. 나는 나중에 아빠랑 여기에 꼭 다시 올 거라고 했다. 그랬더니 아빠가 "그럼 그때는 네가 운전하고 아빠 밥해 줘라."라고 했다. 그 말을 들으니까 힘들 거 같았다. 그래서 그건 안 된다고 했다. 나는 그냥 앉아 있는 게 좋을 거 같다.

 스페인-톨레도(Toledo),

살려 주세요, 여기 캠핑카 안에 사람이 있어요!

원래 계획과는 다르게 이번 여행을 하며 캠핑을 몇 번밖에 하지 못해 아쉬워 스페인에 갈 때는 꼭 캠핑을 하려고 벼르고 있었다. 그래서 스페인 톨레도에서는 숙소를 캠핑카로 예약했다.

"태풍아, 우리 오늘 가는 도시에서는 캠핑카에서 잘 거야."

"진짜? 우아~ 빨리 보고 싶어."

▲ 톨레도 성

톨레도성이 보이는 바로 근처의 공공 주차장에서 캠핑카 주인과 만났다. 캠핑카는 대형 트럭을 개조한 것 같았고, 내부는 4인이 잘 수 있을 만큼 시설이 괜찮았다. 이용 방법에 관해 설명을 듣고 열쇠를 받았다.

"그럼 즐겁게 보내시고 혹시 불편한 게 있으면 언제든지 전화해 주세요."

"네, 감사합니다."

아들과 나는 캠핑카에 누워 보고 이것저것 열어 보며 탐색했다.

"아빠, 난 2층에서 잘래."

"그래, 아빠는 1층에서 잘게."

▲ 캠핑카 외부   ▲ 캠핑카 내부

그리고 해가 지자 조금 쌀쌀해진 것 같아서 뒤쪽으로 열린 문을 닫았다. 그런데 다시 문을 열려고 하자 문이 열리지 않았다. 아들이 여기저기 캠핑카 시설을 구경할 동안 열심히 문을 열어 보았지만, 꿈쩍도 하지 않았다. 조금 전 주인에게 받은 열쇠를 돌려 봤지만, 열쇠가 헛돌고 문은 열리지 않았다. 큰일이다. 주인에게 전화하려 하는데 휴대전화는 3G 신호만 잡히며 전화 연결이 안 됐다.

"태풍아, 큰일 났다. 여기 문이 안 열려."

"어? 진짜? 그럼 어떡해? 우리 밖에 못 나가?"

캠핑카 구조는 좁은 창문이 양쪽 옆에 4개 정도 있고, 사람이 빠져나갈 만한 문은 뒤쪽에 있는 출입문 하나밖에 없었다. 이 문을 열려면 주인이 다른 키를 가져다줘야만 안에서 열 수가 있었는데 주인은 연락이 되질 않았다. 갑자기 하늘이 노래지며 심장 박동 수가 빨라졌다.

"아, 진짜 어떡하지. 큰일이네."

"아빠, 내가 창문으로 밖에 나갈까? 나가서 아빠 구해 줄게."

심각한 상황인데 순간 나도 모르게 웃음이 나왔다.

"나가서 아빠 먹을 거 넣어 주게?"

"응, 내가 아빠를 꿀꿀이처럼 밖에서 먹이 주면서 살려 줄게."

이런 당황스러운 상황에 천진난만한 대답을 생각하니 웃음이 나서 한참을 웃다가 순간 머릿속에 생각 하나가 떠올랐다. 처음에 주인이 캠핑카에 관해 설명할 때였다. 시설물에 대해 설명할 게 많아 속사포처럼 말할 때 분명히 들었던 정보 하나.

"이 열쇠는 캠핑카 떠날 때 밖에서 잠그는 거고요. 여기 안에서 잠그는 열쇠는 싱크대 옆에 걸어 놓을게요. 문에 꽂아 놓으면 애들이 장난치다 잃어버릴 수도 있으니까요."

'그래, 나한테 준 열쇠는 캠핑카 밖에서 잠그는 열쇠고, 문을 안에서 여는 열쇠는 싱크대 옆에 있다고 했지!'

싱크대 선반을 보니 작은 열쇠가 하나 걸려 있었고, 문에 꽂아 보니 그제야 문이 열렸다.

"태풍아, 네가 아빠 살렸다. 네가 웃겨서 열쇠 어디 있는지 갑자기 생각났어."

"그래? 진짜야? 아빠, 그래서 돼지는 원숭이랑 같이 다녀야 해! 맞지? 원숭이도 도움이 될 때가 있지?"

"하하하! 그래, 우리 원숭이, 돼지랑 꼭 붙어서 같이 다니자~ 고마워."

톨레도 전망대에서 ▲

 스페인-바르셀로나(Barcelona),
여행을 잠시 중단합니다

　네덜란드에 있을 때, 아들의 병원 진료를 한국에서 받기로 하고 바르셀로나에서 한국으로 가는 비행기 표를 예매한 지 십여 일 만에 바르셀로나에 도착했다. 나는 도착하자마자 흰둥이를 한 달여 간 장기 주차할 곳으로 갔다. 그간 구글 지도와 현지 사진을 수도 없이 검색하며 마음에 들었던 곳이지만, 그래도 걱정돼 서둘러 가 봤다. 바르셀로나는 시내 주차장이 모두 유료이고, 또 유료 주차장에 주차를 해도 사람이 많은 곳은 도난이 자주 발생하는 악명 높은 곳이다. 그래서 가장 걱정한 부분이 너무 중심지여도 안 되고 너무 외진 곳도 안 된다고 생각했다.

　그래서 내가 판단한 결론은 관광지보다는 주택가여야 하고, 현지인들이 무료로 주차할 수 있는 공터나 공공 주차장이어야 했다. 사람이 꾸준히 돌아다니지만, 너무 붐비지는 않고 관광객은 없는 곳. 나름대로 아주 까다로운 조건으로 검색하고 판단한 곳, 그곳을 지금 마지막으로 확인하러 가는 길이다.

그렇게 도착해 보니, 정말로 내가 생각한 그런 곳이었다. 나는 안심하고 숙소로 왔다. 이제 이틀 후면 흰둥이를 주차해 놓고 아들과 비행기를 타고 한국으로 귀국한다.

▲ 바르셀로나 근처에서 찾은 장기주차장

"태풍아, 우리 이제 이틀만 있으면 한국에 가."

"난 여행 계속 하고 싶은데."

"아니, 가서 병원 가 보고 치료 다 하면 바로 올 거야."

아쉬워하는 아들을 달래며 FC 바르셀로나의 홈구장 캄프 누와 성 가족 대성당을 보고 중앙시장에서 마지막 만찬으로 이베리코 하몽과 먹물 파에야를 먹었다.

▲ 구엘 공원

▲ FC바르셀로나 홈구장

▲ 성 가족 대성당

"태풍아, 이게 스페인에서 유명한 하몽이라는 음식이야. 햄이랑 비슷한 건데 한번 먹어 봐."

"아빠, 완전 내 스타일인데? 엄청 맛있어."

"이것도 한번 먹어 봐. 이건 오징어 먹물 '파에야'라고 죽이랑 비슷한 거야."

"이것도 완전 맛있어, 아빠."

▲ 이베리코 하몽과 오징어 먹물 빠에야   ▲ 바르셀로나 중앙시장에서 마지막 식사

잠깐이긴 하지만 한국에 돌아간다니 서운한지, 아들은 먹는 음식마다
다 맛있다고 했다. 그렇게 마지막 식사를 맛있게 하고 우리 부자는 한국
으로 잠시 돌아갔다. 12월 22일, 귀국하는 날은 마침 한국에 폭설이 내려
비행기와 열차가 모두 지연 도착했고, 우여곡절 끝에 밤 11시가 넘어 집
에 도착할 수 있었다.

태풍이 일기

오늘은 여행 마지막 날이다. 바르셀로나에 와서 메시가 뛴 축구장에도 가고 유명한 성당도 봤다. 그렇지만 나는 슬펐다. 이제 한국에 가기 때문이다. 아빠는 한국에 가서 병원에 갔다가 다 나으면 다시 온다고 했지만 그래도 슬펐다. 왜냐하면, 아빠는 옛날에 "여행하는 거 힘들면 태풍이는 한국에서 엄마랑 있어도 돼. 힘들면 하지 마."라고 했었다. 그래서 나를 한국에 놓고 아빠 혼자만 여행하려고 하는 건가 걱정이 됐다. 나는 아빠랑 계속 여행을 하고 싶다.

 스페인-카스텔데펠스(Castelldefels),
스페인 경찰관의 특별 관리를 받은 한국에서 온 흰둥이

아들은 한국에서 이비인후과와 치과 치료를 받았고, 그동안 못 받은 엄마와 할머니의 사랑도 듬뿍 받았다. 그 후 40여 일 만에 우리 부자는 다시 바르셀로나로 돌아왔다. 나는 한국에 있을 때도 그랬지만, 바르셀로나행 비행기에서도 흰둥이가 걱정이었다.

'혹시 창문이랑 다 깨지고 부서져 있으면 어떡하지? 누가 차를 통째로 가져가 버렸으면?'

오만 생각을 하며 숙소에 도착하자마자 혼자 우버 택시를 이용해 급히 흰둥이를 주차해 놓은 장소로 갔다.

"기사님, 혹시 다시 타야 할 수도 있으니, 내리면 잠깐만 기다려 주세요."

나는 차를 이용하지 못할 상황에 대비해 기사님에게 기다려 달라고 말했다. 그리고 잠시 뒤 도착.

▲ 40여 일 만에 만난 흰둥이

'야호! 흰둥아! 잘 있었구나!'

어두운 밤이었지만 십여 미터 거리에서 보기에도 흰둥이는 상처 하나 없이 멀쩡히 주차돼 있었다. 아니, 매끈하니 오히려 얼마 전 세차한 차가 아닌가 싶을 정도로 깔끔하게 자리를 지키고 있었다.

9년 전인 2014년 10월 7일 아침 6시 57분, 아들 태풍이가 태어난 날이었다. 어른들은 "아기가 처음 태어나면 물속에 몇 달 동안 있던 몸이라 퉁퉁 불어서 쭈글쭈글한 게 안 예쁘니 보고 놀라지 마."라고 했었다. 그런데 갓 태어난 태풍이는 바깥에 며칠 있던 아이처럼 뽀송뽀송한 게 주름 하나 없이 예뻤었다. 나는 이날 흰둥이를 보니 갓 태어난 아들 모습이 떠올랐다.

'흰둥아, 고생했다. 태풍이 형아도 호텔에 있어. 얼른 가자!'

나는 바로 시동을 걸어 호텔까지 운전해서 갔다. 다음 날 나는 흰둥이 자동차 보험을 알아보러 호텔이 있는 작은 도시 카스텔데펠스 시내로 나갔다. 여기저기 보험사에 가 봤지만, 내가 라트비아 국경에서 가입했던 '그린카드'라고 불리는 유럽 전체에서 보장되는 자동차 보험을 취급하는 곳이 없었다. 나는 인터넷을 검색하며 걷다가 경찰관 옷을 입은 여자에게 다가갔다.

"혹시 저를 도와주실 수 있나요? 저는 한국 사람인데 한국에서 자동차로 여행 중입니다. 제가 자동차 보험을 새로 가입해야 하는데 보험사를 못 찾겠어요."

"아, 그래요? 그럼 저 따라오세요. 일단 여기 한국인이 일하는 가게에 가서 같이 물어봅시다."

걸어가며 얘기해 보니 여자분은 경찰관이 아니라 주차 단속 요원쯤 되는 사람이었다. 시내에 한국 직원이 일하는 곳으로 함께 걸어갔지만, 지금 그 한국 직원은 휴가 기간이라고 했다. 그 여자분은 다시 다른 곳으로 가다가 경찰차를 타고 있는 진짜 경찰관에게 말을 걸었다. 아마도 내 사정을 얘기하고 도움을 청하는 것 같았다. 그랬더니, 경찰차에 타고 있던 경찰관이 말했다.

"아, 그 흰색 SUV요?"

그러자 나를 도와주던 여자분이 내게 물었다.

"흰색 SUV 맞나요?"

"네, 맞아요."

나는 대답을 하고 신기해서 경찰관에게 다가갔다.

"옆이랑 뒤에 스티커 붙어 있고, 천장에 루프 박스 달린 차요."

내 차의 생김새를 정확하게 알고 나에게 되물었다.

"아, 맞아요. 어떻게 아세요? 저는 한국에서 여행 중인데 아들이 아파서 잠깐 한국에 갔다 왔습니다."

내 대답을 듣더니 자기 휴대폰에서 사진을 보여 줬다. 흰둥이가 주차된 사진이었다.

"순찰 구역이라 특이해서 몇 번 살펴봤는데 며칠째 계속 같은 곳에 주차되어 있길래 항상 유심히 지켜봤습니다. 스페인에는 도둑이 많아요."

나는 신기하기도 하고 '그래서 우리 흰둥이가 무사히 있었구나.' 싶어서 경찰관에게 말했다.

"스페인 경찰관들은 일을 아주 열심히 하시는 것 같아요. 고맙습니다."

그랬더니 경찰관은 활짝 웃으며 엄지손가락을 올려 보였다.

▲ 흰둥이를 특별 관리 했던 스페인 경찰관

　나는 보험사를 끝내 찾지 못했지만, 스페인 경찰관들의 호위를 받아 무사할 수 있었단 사실을 안 것만으로도 감사하고 기분이 좋았다. 유럽의 공무원은 느리고 불친절한 사람들이 많은 게 사실이다. 하지만 누가 뭐래도 스페인 카스텔데펠스의 경찰관분들, 당신들은 최고입니다!

 모로코-마라케시(Marrakech),
팁이 적어서 안 받겠다는 부유한 사람들

오늘은 태어나서 처음 아프리카에 가는 날이다. 흰둥이는 카스텔데펠스 경찰관들 사이에서 이미 유명해져 안전하게(?) 공공 주차장에 주차하고 간단하게 짐을 챙겨 모로코 카사블랑카행 비행기에 탔다.

▲ 카스펠데펠스 공공주차장에 놓고 아프리카로

"와~ 아프리카 사람이다!"

아들은 흑인을 보고는 아프리카 사람이라고 신기해했다.

"그래, 이제 우리 아프리카 가는 비행기 타니까 아프리카 사람들이 많이 보이지?"

바르셀로나에서 모로코까지는 비행기로 2시간 10분 정도 걸리는 가까운 거리로 직항이 자주 있었다. 원래 계획은 스페인 남부 타리파(Tarifa)항에서 배에 흰둥이를 싣고 직접 운전해서 여행할 계획이었지만, 여러 가지 이유로 흰둥이는 바르셀로나에 주차하고 모로코에서는 렌터카를 이용해 여행하기로 했다.

"아빠, 이 차야? 왜 이렇게 작아?"

"비싸서 아끼려고 작은 차로 예약했어. 우리 짐도 적잖아."

비용을 아끼려고 국산 경차를 예약했는데, 이로 인해 나는 나중에 정말로 뼈저린 후회를 하게 될 줄은 꿈에도 모르고 있었다.

다음 날, 우리는 카사블랑카에서 제마 엘프나(Jemaa el-Fnaa) 광장으로 유명한 마라케시로 이동했다. 나는 평소에 KBS의 〈걸어서 세계속으로〉 프로그램을 즐겨 본다. 아프리카를 직접 여행하는 건 처음이지만, 모로코는 TV와 인터넷에서 많이 접해 각종 여행 정보에 대해 어느 정도는 알고 있었다.

"태풍아, 여기는 그동안 우리가 여행한 러시아나 유럽하고는 조금 달라. 길거리에 걸어 다니면 사람들이 와서 장난감이나 기념품을 줄 거야. 그거 받으면 안 돼."

"왜? 그냥 주는 것도 받으면 안 돼?"

"응, 주는 게 아니라 팔려고 하는 거야. 그거 손에 받으면 그다음부터 돈을 달라고 할 거야."

"알았어, 난 아빠 손만 잡고 아빠만 따라갈게."

"그래, 옆에서 누가 오면 그냥 눈을 마주치지 말고 앞에만 봐. 아니다. 그냥 우리 선글라스 끼고 다니자."

이렇게 아들과는 미리 작전을 짜고 갔지만, 마라케시 호텔에 가까워지자 관광객 차량임을 알아챈 주민들이 하나둘 모여들기 시작했다.

"곤니치와, 니하오."

이곳 사람들은 동양인처럼 생긴 사람에게는 첫마디가 일본어 아니면 중국어 인사말이었다.

"…."

우리는 대답하지 않고 앞만 보고 가는데 계속 말을 걸었다.

"호텔 가이드. 노 팁. 오케이(내가 호텔 안내해 줄게요. 돈 안 달라고 할게요. 좋아
요)?"

"…."

"컴 온. 노 팁(빨리요. 돈 안 받아요)."

"…."

돈은 절대 안 받으니 자기가 길을 안내해 주겠다는 사람들이 마치 은
행 번호표 받고 대기하듯 우리 차량 옆에 줄지어 기다리고 있었다. 계속
괜찮다고 말하며 호텔로 가는데 순간 지도 오류인지 막다른 골목에 들어
섰다. 그때를 비집고 한 청년이 다가왔다.

▲ 마라케시 호텔 정문

"헤이, 노 로드(길 없어). 가이드(내
가 안내해 줄게). 노 팁(난 돈 안 받아)."

하는 수 없이 젊은 모로코 청
년을 따라 호텔에 도착했다. 어
느 정도 예상했지만, 역시나.

"팁 플리즈(팁 좀 주세요)."

나는 돈이 없다고 정중하게 말해 봤지만, 모로코 청년은 막무가내였다.

"당신들한테 10달러는 아무것도 아니잖아. 10달러."

청년은 노골적으로 한국 돈 13,000원 정도 되는 팁을 요구했다. 다시
한번 "우리는 정말 돈이 없다."라고 몇 분간 호텔 입구에서 실랑이를 했
다. 그러다 도저히 안 되겠다 싶어, 주머니에 있던 동전을 꺼내 줬다.

"아니, 너무 적잖아요. 당신들한테 10달러는 아무것도 아니잖아요. 좀

더 줘요."

내가 꺼낸 동전은 말이 동전이지 한국 돈으로 3천 원 정도 되는데도 너무 적다며 10달러 지폐를 달라고 생떼를 썼다. 나는 입구를 막고 있는 청년을 정중하면서도 단호하게 비켜 세우며 손에 동전을 강제로 쥐어 줬다. 그랬더니 그 청년은 다시 그 동전을 내 손에 돌려주고는 '쌩~' 하고 뒤돌아 가 버렸다.

"참나! 황당하네! 태풍아, 아까는 돈 안 줘도 된다던 사람들이 돈 달라고 해서 어쩔 수 없이 한국 돈 한 3천 원 정도 되는 돈을 줬는데 그걸 다시 돌려주고 가네? 이 사람들 가난한 거야, 잘사는 거야? 내가 더 기분 나쁘다."

"그래? 나 같으면 그거라도 받겠다."

"그러니까, 모로코가 못사는 게 아니라 다들 잘사는가 봐."

▲ 마라케시의 제마 엘프나 광장

돼지 아빠와 원숭이 아들의 친둥이랑 지구 한 바퀴

태풍이 일기

나는 오늘 아프리카 모로코에 왔다. 마라케시라는 도시에 왔는데 어떤 아저씨가 길을 안내해 줬다고 아빠한테 팁을 달라고 했다. 어쩔 수 없이 3천 원을 줬는데 너무 적다며 다시 돌려주고는 그냥 갔다. 돈이 많은 사람인가 보다. 점심은 제마 엘프나 광장에 가서 전통 음식을 먹었다. 나는 맛이 그냥 그랬는데 아빠는 너무 맛있다며 내 것도 뺏어 먹었다. 아빠는 아무거나 다 잘 먹는다. 광장에는 뱀도 있었다. 모로코 사람이 피리를 부니까 뱀이 움직였다. 아빠가 자꾸 그 앞에 앉아 있으라고 했는데 무서워서 그냥 가자고 했다. 물건 파는 사람이랑 뽑기 하는 사람, 팁 달라고 하는 사람들이 엄청 많았다. 아빠가 밤에는 더 아름답고 사람이 더 많다고 했다. 그런데 밤에는 위험할 거 같다고 호텔에 들어가서 목욕하고 놀았다.

#51

  모로코-사하라(Sahara),
거대한 아틀라스와 맞바꾼 아들의 구토

560km, 9시간. 마라케시에서 사하라 사막을 볼 수 있는 작은 마을인 메르주가(Merzouga)까지의 거리이다. 시베리아에서는 하루 만에 680km 도 운전해 봤고, 최장 11시간 30분 동안 딱 한 번 10분 정도만 쉬고 운전을 해 봤던 나는, 이번 여행에서 가장 큰 실수를 하고 말았다. 평소 멀미를 안 하는 아들과 나의 운전 실력을 과대평가한 나머지 한 번은 쉬었다 가야 할 거리를 하루 만에 갈 계획을 세운 것이다. 사실 모로코에 와서는 '사하라 사막'과 마라케시의 '제마 엘프나 광장', 그리고 페스의 '가죽 공장'을 꼭 보고 싶었다. 그런데 그 정보만 조사하고 마라케시와 메르주가 사이에 있는 거대한 아틀라스산맥(Atlas Mts.)은 공부하지 않았다.

출발 후 마라케시 시내를 벗어나자 마치 스위스의 알프스산맥을 보는 것처럼 웅장한 설산이 나타났다. 가는 길도 꼭 스위스의 산길처럼 구불구불한 길이 수십 km째 이어졌다. 점점 산길로 올라가나 싶더니 차량의 고도가 2,260m까지 올라갔다. 이때 처음 아들이 멀미를 느꼈다. 나는 공터에 차를 세우고 밖에 나가 아들과 스트레칭을 하며 잠시 쉬었다.

돼지 아빠와 원숭이 아들의 흰둥이랑 지구 한 바퀴

▲ 아프리카인데도 설산이 보이는 아틀라스산맥

▲ 100km 넘게 이어진 구불구불한 길

"아빠, 얼마나 더 가야 해?"

"이제 막 출발해서 한 7시간은 더 가야 할 거 같은데."

잠시 뒤 다시 출발하고 1시간도 안 돼 또 한 번 차를 세웠다. 이미 아들의 표정은 많이 지쳐 있었다. 밖에서 신선한 공기를 쐬고 잠시 쉬다 다시 출발했는데 얼마 안 가 아들이 첫 번째 구토를 했다.

▲ 멀미 중인 아들

"태풍아, 조금만 쉬었다 갈게. 미안해."

최고봉 높이 4,167m의 아틀라스산맥은 아들의 구토 두 번으로 산맥 통과를 허락했다.

"태풍아, 이제 산은 다 내려온 거 같거든? 이제 천천히 갈 테니까 누워서 쉬고 있어."

하지만, 산맥을 내려오고 나니, 자동차 경주장처럼 구불구불한 길이 200km 넘게 이어졌다. 그리고 우리가 탄 차는 세단이나 대형 SUV가 아닌 아주 작은 경차였다. '아, 차라리 승용차를 빌릴걸. 경차는 차 길이가 짧아 뒷좌석에 앉으면 멀미가 더 심할 텐데.' 돈을 아끼려고 작은 차를 빌린 나를 원망했다. 아틀라스산맥을 넘어오던 중에 오프로드 경주용 자동차가 많이 보여 나중에 알게 된 사실이지만, 모로코는 '다카르 랠리'라는 세상에서 가장 험한 오프로드 자동차 경주의 코스이기도 했다.

▲ 모로코는 사하라 뿐만 아니라 4,000m가 넘는 아틀라스 산맥과 거대한 자연을 만날 수 있다

아들에게 너무 미안하기도 하고 시간이 늦어지면 위험할까 봐 마음이 급한 나는 직선 구간이나 멀미를 덜 느낄 구간에서는 과속을 할 수밖에 없었고, 그러다 현지 경찰에게 두 번이나 단속을 당했다.

그렇게 저녁 7시가 넘어서 어슴푸레 사하라 사막 언덕이 보이는 호텔에 도착했다. 맛있는 음식이라도 먹이고 싶어 전통 요리를 푸짐하게 주문했지만, 아들은 저녁도 조금 먹다가 소파에서 잠이 들었다. 나는 그동안 아들과 여행하며 후회한 적이 딱 두 번 있었다. 첫 번째는 시베리아에서 이석증에 걸렸을 때, 그리고 오늘이 두 번째로 후회한 날이다.

'태풍아, 아빠가 정말 미안하다. 아빠가 못나서 네가 너무 고생이네. 조금 더 신중하게 판단할 것을 괜히 아빠가 욕심을 부리다가 저녁도 제대

로 못 먹고 자니까 가슴이 아프다.'

▲ 다음날 몸상태를 회복한 아들

나는 침대에 누워 잠이 든 아들을 품에 안고 밤새 자책했다. 다음 날, 혹시 아들이 회복하지 못하거나 아프면 여행을 중단하고 스페인으로 돌아갈 생각이었는데, 다행히 아들은 몸 상태가 돌아온 것 같았다.

"아빠, 어제저녁에 뭐 먹었어? 뭐 주문했는데 난 못 먹고 잤지? 아빠 혼자 맛있는 거 다 먹은 거 아냐? 어제 저녁 먹고 게임 같이 하기로 했는데 게임도 못 했잖아."

투정 부리며 생기 있는 모습을 보니 마음이 놓였다.

"아냐, 어제 아빠도 안 먹고 같이 잤어. 게임은 지금 하자. 바로 Go~"

오전은 호텔에서 아들과 놀며 푹 쉬고 오후 늦게 아들과 낙타를 타고 사하라를 보러 갔다.

"아빠, 낙타가 너무 큰데···. 나 무서워."

"태풍이는 뒤에 어린이 낙타 타. 앞에 있는 애가 아빠 낙타고 뒤에 작은 애가 아들 낙타래."

"그렇네. 귀엽다. 나 낙타 이름 지을래. 낙둥이!"

"낙둥이? 그래, 좋네. 흰둥이, 낙둥이, 우리 태풍이는 귀염둥이~"

그렇게 낙타를 타고 한 10분 정도 앞으로 나아가자 주변 마을이 사막 속으로 사라졌다. 1시간 가까이 더 사막으로 들어가자 주변은 온통 모래 언덕이었다. '여기가 사하라구나!' 나는 사하라에 꼭 와 보고 싶었다. 그냥 한번 와 보고 싶었다. 그렇게 사하라 모래 위로 지는 태양을 바라보니 남극의 빙하를 처음 봤을 때 같은 기분이 들었다. 가슴이 나 자신에게 말을 하고 있었다.

'그래, 여기까지 잘 왔다!'

▲ 사하라 사막에서 아들과

▼ 낙식이와 낙둥이

돼지 아빠와 원숭이 아들의 힘둥이랑 지구 한 바퀴

태풍이 일기

아빠랑 사하라 사막을 가는데 높은 산을 지나갔다. 산 이름이 아틀라스라고 했다. 우리가 백두산 천지보다 높은 곳을 지나왔다고 했다. 나는 어지러워서 토를 세 번이나 했다. 다음 날 아빠랑 낙타를 타고 사하라 사막을 보러 갔다. 아빠가 탄 낙타는 낙식이, 내가 탄 낙타는 낙둥이라고 이름을 지었다. 처음에는 무서웠는데 타 보니까 너무 재밌었다. 사막 언덕에도 올라가 봤는데 발이 계속 푹푹 빠져서 힘들었다. 그래도 낙타도 타고 재밌는 하루였다.

#52

★ 모로코-페스(Fes),
9,000개의 골목에서 나온 아들의 축지법

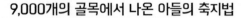

※ **축지법**: 도술로 땅을 줄여 먼 거리를 가깝게 하는 술법

1,200년 전 모로코 아랍 왕조의 수도였던 모로코 제2의 도시 페스. 모로코 여행에 대해 탐험가에게 물어보면 고민할 필요도 없이 사하라를 첫 번째로 고를 테고, 미식가에게 물어보면 마라케시의 '제마 엘프나' 광장을 뽑겠지만, 사진작가에게 물어보면 아마도 이곳을 선택하지 않을까? 9,000개의 골목이 있는 메디나와 '세상에서 가장 큰 팔레트'라는 별명이 있는 1,000년의 역사를 간직한 가죽 공장이 있는 도시가 바로 이 페스이다. 하지만, 메디나를 보기 위해서는 걸어야 한다. 미로 같은 좁은 길로 만들어진 거리는 차를 타고 이동할 수가 없다. 그래서 일단 메디나로 들어가면 기본 1시간 이상은 걸어야 하는데 아들이 버텨 줄 수 있을지 시작부터 걱정됐다. 아들은 그런 악마(?)의 소굴에 가는지도 모르고 천진난만하게 아침부터 까불이 모드를 장착하고 놀고 있었다.

"아빠, 오늘은 어디 가? 오늘이 마지막 도시라고 했지?"

"응, 여기 가면 시장 같은 곳인데, 엄청 예쁘대. 그리고 가죽을 사람이 직접 만드는 공장이 있어. 거기만 금방(?) 갔다가 맛있는 거 먹고 쉬자."

그렇게 '모르는 게 약이다.'라고 생각하며 아들 손을 꼭 잡고 메디나 입구로 향했다. 이곳에 혼자 왔다면 길을 잃어버리더라도 구석구석 다니며 마음껏 즐기고 싶었지만, 어린 아들을 생각해서 현지인에게 팁을 조금 주고 안전하게 가이드를 부탁하기로 했다. 메디나 입구인 블루 게이트 앞에서 '무함마드'와 인사하고 뒤를 따라갔다. 무함마드 씨는 구석구석 현지인만 아는 아름다운 골목을 안내해 줬다. 기념품을 파는 곳도 아주 아름다웠고, 골목마다 정말로 이색적인 풍경에 사로잡혔지만, 나는 계속 무함마드에게 부탁했다.

▲ 페드 메디나 속 골목

▲ 미로같이 이어진 골목

"아들이 체력이 안 좋아서 많이 못 걷습니다. 다 안 보여 줘도 되니 지름길로 가죽 공장에 데려다주세요."

하지만, 무함마드는 열정적으로 구석구석 안내하며 보여 줬다. 나는 감탄하면서도 내심 아들이 걱정돼 계속 눈치를 보느라 어느 순간 내 두 눈은 카멜레온처럼 양쪽으로 분리돼 돌아가고 있었다.

"태풍아, 와! 저것 봐라. 신기하다! 와! 저건 왜 이렇게 예쁘지?"

계속 아들에게 다리 아픔을 느낄 시간을 안 주려고 이런저런 말을 붙였다. 그러다 중간쯤 지나왔을 때인 것 같다. 드디어 아들의 투정이 시작됐다.

"아빠, 이제 도저히 못 걷겠어. 다리가 너무 아파."

"무함마드, 혹시 가죽 공장까지 얼마나 걸리나요?"

"한 10분이요."

"태풍아, 10분만 가면 도착한대. 조금만 참자."

그렇게 10분을 훨씬 넘게 걸은 후 아들이 다시 물었다.

"아빠 10분 넘었는데 진짜 10분이래? 다시 물어봐."

"무함마드, 혹시 얼마나 더 가야 해요?"

"한 10분이요. 다 왔어요."

"태풍아, 진짜 10분이라는데."

"아빠!"

▲ 아들을 목말 태우고 안내하는 무함마드 씨

평소 눈치가 빠른 아들은 자기를 속인다고 생각했는지 길옆 계단 위에 아예 다리를 쭉 펴고 앉아 버렸다. 그걸 본 무함마드가 갑자기 아들을 번쩍 들어 올렸다. 그러고는 아들을 목말을 태운 채 계단 위로 성큼성큼 걸어갔다.

"무거울 텐데 그냥 내려 주세요. 조금만 쉬었다 가면 될 겁니다."

"괜찮아요. 저도 아들이 있어요. 저 힘세요."

"우와~ 아빠 이제 살 것 같아."

아들은 조금 전 나를 째려보던 눈빛이 그새 하트 모양으로 바뀌어 있었다. 그렇게 아들을 목에 태운 채 20여 분을 걸어 가죽 공장에 도착했다. 나는 나중에 팁을 생각해서 그런 걸 수도 있다고 생각했지만, 그래도 고마웠다.

"무함마드, 고마워요. 이건 팁입니다."

"네, 감사합니다. 여행 즐겁게 하세요."

"아빠, 아프리카 사람은 힘이 엄청 센가 봐. 나 무거웠을 텐데. 히히! 아무튼, 재밌었어."

힘들게 도착한 우리는 공장을 보러 가죽 제품 판매장으로 들어갔다. 이곳은 입장료는 따로 없고 가죽 공장을 볼 수 있는 주변 가게에서 자기네 건물 옥상으로 올라가 가죽 공장을 볼 수 있게 해 주었다. 대신 나오면서 자기네 제품을 사거나, 사지 않는 관광객은 팁을 주면 되는 방식이었다.

우리는 1,000년 전 방식으로 가죽을 다듬고 염색하는 공장을 직접 볼 수 있었다. 페스 메디나에 가죽 공장은 여러 개가 있었지만, 우리가 찾은 곳은 'Tannerie Chouara'라는 가장 큰 공장이었다. 이곳은 동물의 배설물이 든 우물에 가죽을 넣었다 뺐다 하며 가죽을 무드게 하는 곳과 각종 천연 염색제로 염색하는 곳이 있어 우물의 색도 다양했다. 정말 '세상에서 가장 큰 팔레트'라는 별명이 잘 어울리는 신기한 곳이었다. 비둘기나 동물의 배설물을 사용해 냄새가 나긴 했지만, TV에 나온 것처럼 그렇게 냄새가 심하지는 않았고 무엇보다 1,000년 전 방식을 지금까지 이어 오고 있다는 게 정말로 신기했다.

"태풍아, 아까 아빠랑 아저씨는 한참 걸어왔는데 너는 공중에 붕 떠서 쉽게 왔으니까 아이스크림은 안 먹어도 되지?"

"아빠, 안 돼~~~"

▲ 페스 메디나 속 가죽 공장, 1000년 전 방식으로 모두 수작업으로 만들고 있다

돼지 아빠와 원숭이 아들의 흰둥이랑 지구 한 바퀴

 프랑스-몽펠리에(Montpellier),
아빠, 왜 해수욕장에서 어른이 옷을 다 벗고 있어?

아프리카에서 고생하고 다시 바르셀로나에 돌아왔다. 지중해 연안을 이동할 때는 남부 지방의 따뜻함과 여유로움을 느끼며 느긋하게 여행했다. 이동 거리도 줄여 여유 있게 운전하며 아를(Arles)로 가던 중 점심을 먹으러 프랑스 남부 몽펠리에 바닷가에 차를 세웠다.

"태풍아, 우리 여기서 점심 먹고 가자."

"뭐 먹을까?"

"잠깐만, 음~ 여기서 피자 먹자. 바다랑 요트도 옆에 있고 분위기 좋네."

요트가 정박해 있는 부둣가 식당에서 아들과 피자를 맛있게 먹고 바닷가를 따라서 해수욕장까지 걸었다.

"태풍아, 저기 해수욕장 안에 놀이터 있네. 그네 타러 가자."

"응! 와~ 신난다."

아들은 그네랑 미끄럼틀을 타며 재밌게 놀았다. 그런데 그 순간 무언가 큰 살색 덩어리가 우리 앞을 지나갔다.

"아빠, 어? 저기 뭐야?"

▲ 몽펠리에 해변에서 그네 타는 아들

"어! 그러게…. 뭐지…?"

10대 후반에서 20대 초반쯤으로 보이는 키 큰 남자가 옷을 다 벗은 채 해수욕장을 걸어 다니고 있었다.

'여기가 말로만 듣던 누드 비치인가?'

그래도 여긴 어린이랑 가족들도 주변에 많이 있고, 사람이 엄청나게 붐비는 곳인데… 나는 순간 당황해 주변을 두리번거렸지만, 모두 다 아무것도 못 본 것 같은 평화로운 표정으로 각자의 시간을 보내고 있었다.

"태풍아, 외국에는 어린이부터 어른, 할머니, 할아버지 할 거 없이 옷을 홀랑 다 벗고 돌아다니는 그런 해수욕장이 있거든? 그걸 영어로 '누드 비치(Nude Beach)'라고 해. 여기가 그런 데인가 봐."

"그래? 와~ 아빠, 그런데 저 사람은 창피하지 않은가 봐? 저기 여자들도 많이 있잖아."

"그, 그러니까…."

아들아, 아빠도 누드 비치는 처음이야~ 저 사람보다 내가 더 창피하다고!

 프랑스-아를(Arles),
아를에 꼭 가 보고 싶었습니다

밤하늘에 가득히 빛나는, 별들과 그 별빛을 아련히 품고 있는 론강의 정취가
마치 아름다운 꿈과 같은 순간이었다.

1888년 가을, 빈센트 반 고흐가 프랑스 아를에 정착해 수많은 그림을
그리며 행복했던 시절 친구에게 보낸 편지의 내용으로, 반 고흐는 이 시
기에 현재 프랑스 오르세 미술관에 보관 중인 세계적인 명작 〈론강의 별
이 빛나는 밤(Starry Night Over the Rhone)〉을 그렸다. 반 고흐의 그림 중 가
장 유명한 〈별이 빛나는 밤〉이라는 또 다른 작품이 미국 뉴욕에 있지만,
그 그림은 정신 병원에 입원해 있을 때 그린 것으로 나는 론강을 바라보
며 그린 작품을 훨씬 더 좋아한다. 나는 반 고흐가 파리에서 아를로 가게
된 배경을 이해할 수 있었다. 또 아를에서 그런 감정을 느낀 반 고흐의 마
음을 상상해 보니 꼭 한번 프랑스 아를에 가 보고 싶었다.
　나는 충남 아산에서 태어나 포항, 창원, 부산, 대구, 제주, 서귀포, 서울,

군포, 세종, 화순까지 그동안 전국 10여 개의 도시를 옮겨 다니며 살았다. 당시 예술의 중심이었던 파리가 아닌 남부의 작은 시골 아를로 온 반 고흐를 보며, 서울이나 대도시가 아닌 전라도의 작은 시골 화순에 사는 내 모습이 보이 겹쳐 보였다.

"태풍아, 반 고흐라고 아직 못 들어 봤지?"

"응, 그게 누구야?"

"나중에 학교에서 배울 텐데, 엄청 유명한 화가야. 그 사람이 여기 아를에서 그림을 엄청 많이 그렸대."

"아, 우리 집 거실에 있는 거 맞지? 아빠가 제일 좋아한다는 그림."

"맞아. 하나는 〈론강의 별이 빛나는 밤〉이고, 하나는 〈밤의 카페테라스〉라는 그림인데 엄청 유명하거든. 그걸 다 여기 아를에서 그렸대."

▲ 아를 시내의 일명 '반고흐 카페'

▲ 반고흐가 〈론강의 별이 빛나는 밤〉을 그린 위치에서

아들과 노란 카페를 바라보며 커피를 마시고, 론강을 따라 걸었다. 나는 한국에서 직장 생활을 하며 바쁘고 힘들었던 시기에 쌓였던 과거의 모든 스트레스까지 다 풀리는 기분을 느꼈다. 그냥 강변에 앉아 하늘과 평화로운 론강을 바라보기만 했을 뿐이지만, 모든 나쁜 기억이 사라져 버렸다. 그렇게 나에게 아를은 잊지 못할 도시로 남았다.

안녕, 아를! 또 갈게!

태풍이 일기

아빠랑 프랑스 아를에 왔다. 반 고흐라는 유명한 화가가 살면서 그림을 그린 도시라고 했다. 아빠랑 유명한 그림을 그린 곳에 가 봤다. 아빠는 그냥 보기만 해도 좋은가 보다. 〈별이 빛나는 밤〉이라는 그림을 그린 위치 바로 옆에 놀이터가 있었다. 아빠랑 재밌게 놀고 솜사탕을 먹었다. 나는 반 고흐 아저씨보다 솜사탕이 더 좋았다. 그런데 아빠가 프랑스는 솜사탕을 우리말로 '아빠 수염'이라고 한다고 알려 줬다. 신기했다. 우리 아빠는 수염이 없는데 그럼 우리 아빠 솜사탕은 사 먹으면 안 되겠다고 했다. 핀란드에서 본 산타클로스 할아버지 솜사탕이 좋겠다.

▼ 프랑스어로 솜사탕은 아빠 수염(Barbapapa)이라고 한다.

 모나코-모나코(Monaco),
카지노 앞에서 다시 생각한 부의 기준

세계에서 두 번째로 작은 나라, 모나코에 들어왔다. 길이 3km, 폭 500m 정도로 우리나라의 여의도 면적보다 작고, 인구는 3만 명 정도가 살지만, 세금이 없어 1인당 국민 소득은 2억 원이 훌쩍 넘는 부유한 국가. 항구는 호화로운 요트로 가득 차 있고, 페라리 같은 슈퍼 카가 길거리에 많이 돌아다니지만, 워낙 작은 면적 탓에 거리는 다른 유럽과 달리 고층 빌딩이 즐비하다. 주차장도 주차 타워나 지하 주차장이 많이 있는데 지하 10층 아래까지 내려가는 주차장도 있을 만큼 차량이나 인구 대비 면적이 작아서 우리 부자 같은 외지 사람에게는 문제가 됐다.

"태풍아, 이제 모나코 들어왔는데 주차장이 없네."

"왜? 여기 엄청 부자 나라라고 했잖아? 근데 왜 주차장이 없어?"

"여긴 땅이 좁아서 주차를 지하나 건물 안에 해야 하는데 흰둥이는 키가 2m 15cm라서 못 들어가. 다 2m 이하만 들어갈 수 있나 봐."

우리는 모나코 입구인 언덕에서부터 지그재그로 이어진 길을 따라 내려가며 항구 근처까지 갔다가 다시 돌아서 프랑스로 나갔다. 모나코의 길은 구조가 특이해 긴 직선 구간 끝에 급커브 길이 나오고 다시 긴 직선 구간이 이어졌다. 아마도 여기가 F1 경기를 여는 트랙 구간인 것 같았다. 그 길을 따라 쭉 가면 그냥 바로 프랑스로 출국하는 방향이다. 우리는 30~40분 동안 모나코와 프랑스 입출국을 3번이나 했다. 그러다 간신히 노면 주차장에 자리가 하나 비어 주차를 할 수 있었다.

"아휴~ 태풍아, 우리 지금 모나코에서 프랑스로 3번이나 나갔다가 다시 들어온 거야. 그래도 다행이다. 자리 하나 나서."

"아빠, 모나코는 땅이 진짜 작은 거 같아. 어떻게 나라 길이가 차 타고 10분도 안 걸려? 화순보다도 작은 거 같아."

우리는 모나코항의 경치를 보러 모나코 대공 궁전으로 갔다. 운 좋게 근위병 교대식 시간이 맞아 보려는데 아들은 재미있는지 사람들 틈새로 비집고 들어가 맨 앞에서 구경할 수 있었다.

"아빠, 저 사람들 군인이야?"

"응, 여기 사는 왕을 지키는 군대야. 그걸 근위병이라고 하거든? 지금은 교대식을 하는 거야."

근위병 교대식을 보고 모나코항을 내려다보며 샌드위치로 점심을 먹었다. 모나코는 그동안 보던 다른 유럽과는 정말 다른 분위기였다. 화려하고 호화로운 도시, 꼭 미국의 라스베이거스를 보는 것 같았다.

아들과 택시를 타고 몬테카를로로 이동하려고 우버를 검색했지만, 모나코는 우버나 다른 택시는 없다고 했다. 택시도 지정된 위치에 설치된 택시 전용 전화기에서 수화기를 들면 자동으로 택시 회사로 연결돼 예약자 이름을 불러 주고 기다리면 택시가 오는 방식이었다.

"와! 태풍아, 벤츠 S 클래스다!"

"그게 뭐야?"

"엄청 비싼 찬데 저게 택신가 봐. 저거 한국에서는 엄청 부자들만 타는 차거든. 우리 아들 진짜 왕자님 대접받네."

"그럼, 내가 왕자님이지! 에헴~ 어서 문을 열어라~"

우리는 몬테카를로의 카지노 앞에서 내렸다. 카지노 앞에서 내리니 정말로 라스베이거스 같은 분위기가 느껴졌다. 아들과 카지노 건물을 바라보며 카페에서 커피와 케이크를 먹었다.

"태풍아, 저기 앞에 보이는 건물이 '카지노'라고 어른들 돈놀이하는 건물이거든?"

"카지노? 돈놀이?"

▲ 람보르기니

▲ 페라리

"그래서 저긴 돈 많은 사람만 가는 데야. 저 앞에 봐! 다 엄청 비싼 차만 있어. 람보르기니, 페라리…. 아마 싼 차들은 저 멀리 다른 데 주차하고 걸어왔을 거야."

"왜 차별해? 돈 많은 사람만 차별하는 거야?"

"세상이 원래 돈 많은 사람 차별해. 그래서 다들 돈을 많이 벌려고 힘들게 공부하고 일하고 하는 거야."

"그러면 아빠는 부자야? 우리 이렇게 여행하잖아."

"아니, 부자는 무슨. 그래도 아빤 태풍이랑 이렇게 여행하는 데 쓰는 게 안 아까워. 돈은 나중에 태풍이 사춘기 오거나 아빠 싫어할 때, 그때 벌면 되지~"

"에이~ 내가 아빠를 싫어하겠어? 난 계속 아빠랑 붙어 있을 건데? 돼지랑 원숭이~ 히히히!"

"안 돼~ 그럼, 아빠 돈 못 벌잖아. 아무튼, 태풍이가 빨리 크기 전에 재밌게 놀고 다 크면 아빠도 그땐 열심히 돈 벌어야지."

누군가는 자식이 클 때 같이 못 놀더라도 돈을 많이 벌어야 부자라고 생각하는 사람도 있겠지만, 나에게는 동심을 간직한 아들과의 시간이 비교할 수 없을 만큼 훨씬 더 소중하다. 그런 시간을 흘려보내지 않고 온전히 즐기고 있으니 그런 면에서 나는 아주 부자이다.

'태풍아, 다시 생각해 보니 아빠는 부자가 맞다. 만수르다, 만수르!'

 이탈리아-토스카나(Toscana),
콜로세움을 이긴 토스카나

이제 느린 도시 프랑스 남부를 지나 이탈리아에 들어왔다. 나는 그동안 이탈리아에 여러 번 와 봤지만, 올 때마다 질투가 났던 나라가 바로 이탈리아였다. 우리나라의 문화재는 대부분 나무로 만들어져 관리를 어렵게 해도 한순간에 불타 없어지곤 하는데, 이 나라는 문화재가 대부분 대리석으로 만들어져 관리를 대충 해도, 심지어 전쟁 때 폭탄을 맞고도 튼튼하게 남아서 몇천 년 된 문화재가 차고 넘쳐 났다. 우리나라처럼 삼면이 바다로 둘러싸여 음식은 또 얼마나 맛있는지 모른다. 많은 나라를 돌아다녀 봤지만, 이탈리아는 음식이나 사람의 성질이 한국과 비슷한 부분이 많아 올 때마다 좋은 기억이 많았던 나라이다. 우리는 이탈리아에서도 아름다운 지역 '토스카나'로 갔다.

"태풍아, '피사의 사탑' 알지?"

"응, 당연히 알지~ 기울어진 탑 그거 말하잖아?"

"응, 그게 어디에 있는지 알아?"

"음…. 이탈리아?"

▲ 피사의 사탑

"그래, 피사에 있어. 이탈리아 피사. 그래서 피사의 사탑이야."

"아, 그래서 피사의 사탑이야?"

"그래. 우리가 지금 도착한 도시, 여기가 피사야."

"아빠, 저기 봐! 진짜로 탑이 기울어져 있어. 신기하다."

"그래, 아빠도 실제로는 처음 보거든. 근데 생각보다 엄청나게 크다."

피사의 사탑은 멀리서 볼 땐 그저 신기했지만, 가까이 가서 보니 생각보다 커서 아주 웅장하고 또 무척 아름다웠다. 피사의 사탑을 둘러보고 우리는 피렌체로 이동했다.

▲ 흰둥이 앞에 피렌체 두오모가 보인다

▲ 피렌체 전경

"태풍아, 여기는 어른들이 엄청나게 좋아하는 도시 '피렌체'야."

"여기는 뭐가 유명해?"

"〈다비드상〉이라고 남자 조각 작품이 있는데 그게 엄청 유명해."

실제 본 〈다비드상〉은 생각보다 훨씬 크고 아름다웠다.

"아빠, 이탈리아는 피자도 맛있고, 스파게티도 맛있고, 이런 유명한 것도 많고 그래서 사람들이 많은 거야?"

"그래, 이탈리아는 이렇게 관광객들이 엄청 많아. 볼거리도 많고 그래서 어른들이 여행하러 오면 몇 시간씩 걸어 다니면서 보고 하는데, 태풍이도 좀 더 크면 그땐 아빠랑 많이 걸으면서 더 많이 보자."

"응, 알았어. 히히. 난 지금 그렇게 하자는 줄 알고 긴장했네."

그렇게 피렌체를 천천히 둘러보고 로마로 향했다. 피렌체에서 로마로 가는 길은 토스카나 지역에서도 '시에나(Siena)'라는 아름다운 지역을 지나야 한다. 창문 밖으로 탁 트인 넓은 구릉 지대에 열 맞춰 심어진 사이프러스(Cypress) 나무가 한 장의 그림 같았다. 시에나 지역은 처음 와 봤는데 경치만 바라봐도 편안해지는, 그동안 이탈리아 여행을 하며 여기는 왜 안 왔는지 자책해야 할 만큼 놓쳐서는 안 될 풍경이었다. 나는 콜로세움과 피사의 사탑은 두 번, 세 번까지 보고 싶은 생각이 안 들었지만, 시에나의 풍경은 열 번이고 백번이고 봐도 질리지 않을 것만 같았다.

▼ 토스카나 시에나 지역의 아름다운 풍경

태풍이 일기

아빠랑 피사의 사탑을 봤는데 정말로 신기했다. 피렌체에서는 1시간을 기다려서 〈다비드상〉을 봤다. 엄청나게 큰 남자 조각이 있었는데 유명한 거라고 했다. 아빠랑 박물관을 나와서 피렌체 시장에서 스파게티를 먹었다. 트러플 스파게티였는데 트러플이 엄청 비싼 거라고 했다. 처음에 나는 이상한 건 줄 알고 안 먹는다고 했는데 아빠가 먹는 걸 보니 먹고 싶어졌다. 그래서 한 번만 먹는다고 하고 내가 거의 다 먹어 버렸다. 그런데 엄청 맛있었다. 이탈리아에 오니 내가 좋아하는 음식이 많아서 좋다.

#57

 이탈리아-로마(Rome),
트레비 분수에 동전을 던지고 빈 아들의 소원

한국에 있을 때 평소 우리 부자는 세계 여러 나라와 유명한 건축물이
나오는 보드게임을 즐겨 했다. 우리는 거기에 나오는 랜드마크 중 파리
의 에펠탑만큼 유명한 콜로세움을 보러 로마로 향했다. 바르셀로나, 파
리, 로마는 유럽에서도 소매치기로 유명한 도시이다. 그래서 나는 주차
장이 완벽히 벽으로 가려진 숙소를 예약했다. 도착 후, 우리는 가장 먼저
콜로세움으로 갔다.

▼ 로마의 랜드마크 콜로세움

"태풍아, 저 앞에 보여? 저게 콜로세움이야."

"우아~ 진짜 보드게임에서 본 거랑 똑같이 생겼네?"

"그래, 저게 만든 지 2천 년 됐대."

"엄청 크다."

"저게 경기장이었대. 옛날에 왕이 죄수랑 사자랑 싸움을 시켜서 죄수가 사자를 이기면 살아남는 거야. 그렇게 벌을 주고 왕이랑 사람들은 이 경기장에서 그걸 구경하고 그랬대."

"진짜? 사람이 어떻게 사자를 이겨? 무섭다."

"그래, 옛날 왕은 무서운 사람이 많았어."

역시 콜로세움 주변은 관광객들이 넘쳐 났다. 파리만큼 로마도 볼거리가 넘쳐 아들과 함께 가고 싶은 곳이 많았지만, 아들의 체력으로 몇 곳만 골라야 했다. 우선 점심을 먹으러 나보나 광장(Piazza Navona)으로 이동해 아들은 피자를, 나는 따뜻한 카푸치노를 아주 맛있게 먹었다. 그리고 라파엘로의 무덤이 있는 판테온을 둘러보고, 마지막으로 트레비(Trevi) 분수로 향했다.

▲ 판테온 신전 앞에서

▲ 스페인 광장 위로 물든 저녁놀

"아빠, 다리 아파. 이제 그만 가자."

"응, 여기서 태풍이 좋아하는 젤라토 사 주려고."

"젤라토?"

"응, 젤라토는 이탈리아지~ 여기 트레비 분수 옆에 엄청 맛있는 젤라토를 팔거든."

"아빠, 빨리 가! 안 가고 뭐 해? 빨리 가자."

그렇게 아들은 아이스크림 한마디면 소시지를 본 배고픈 강아지처럼 힘이 솟아났다. 나는 트레비 분수가 보이는 계단에 앉아 아들의 젤라토 먹방을 감상했다. 우리 부자는 모두 트레비 분수는 안중에도 없다는 듯 나는 아들의 젤라토 먹방을, 아들은 젤라토에 푹 빠져 있었다. 그리고 다 먹을 때쯤 아들에게 말했다.

"태풍아, 여기 분수 안에 동전을 던지고 소원을 빌면 들어준대."

"아, 그래?"

잠시 후 아들이 젤라토를 다 먹어서 호텔에 가려 일어났다.

"태풍아, 이제 호텔 가자."

"아빠, 잠깐만 기다려 봐. 나 동전 줘."

"동전은 왜?"

"나 트레비 분수에 소원 빌게."

"아, 그래? 그럴래?"

나는 동전을 한 개 쥐여 주고는 멀리서 지켜봤다. 아들은 동전을 던진 후 고개를 숙이고 눈을 감았다.

"아빠, 다 했어. 이제 가자."

"소원 뭐 빌었는지 물어봐도 될까?"

"아니, 안 돼. 말 안 해 줄 거야."

"그래, 알았어."

그렇게 숙소로 돌아와 서둘러 저녁 준비를 했다. 2022년 3월 2일, 오늘은 내가 국가공무원에서 퇴사한 날이다. 지금은 육아 휴직을 내고 아들과 여행 중이지만, 여행 전 이미 사직서를 제출했고 오늘 자로 퇴직 처리가 된 것이다. 공무원 생활 20년의 마무리를 로마에서 하는 것 또한 추억이 될 것 같다는 생각이 들었다.

"태풍아, 오늘은 아빠가 아껴 뒀던 소주 한잔 먹고 싶다."

"왜? 오늘 무슨 날이야?"

"오늘은 아빠가 그동안 나라를 위해서 일하다가 일을 그만둔 날이야. 태풍이랑 더 행복하게 살려고."

"그래?"

"우리 더 행복하게 살자. 짠~"

▲ 트레비 분수에서

태풍이 일기

아빠랑 콜로세움에 갔다. 엄청 컸는데 2천 년 전에 만들었다고 했다. 옛날에는 왕이 죄수에게 칼을 주고 사자랑 싸우는 경기장이었다고 했다. 무서웠다. 피자도 먹고 많이 걷다가 트레비 분수에서 젤라토를 먹었는데 엄청 맛있었다. 역시 젤라토는 이탈리아가 맛있는가 보다. 아빠가 트레비 분수에 동전을 던지고 소원을 빌면 들어준다고 해서 소원을 빌었다.

'우리 아빠 흰머리 없어지게 해 주세요. 하늘나라에 가면 안 돼요. 저랑 백 살까지 살게 해 주세요.'

#58

바티칸시국-바티칸 시티(Vatican city),
베드로 대성당에서 피에타를 못 보다니!

▲ 바티칸시티의 성 베드로 대성전과 오벨리스크

　로마 속의 작은 나라 바티칸은 가톨릭의 총본부 격인 교황청이 있고, 그 교황청을 이끄는 교황이 국가 원수인 세계에서 가장 작은 나라이다. 그 교황이 근무하는 성 베드로 대성전으로 갔다. 로마에서 바티칸으로 들어가는 출입구는 낮은 울타리가 전부였다. 그리고 사람들은 그 울타리 옆을 자유롭게 드나들었다. 울타리 안으로 들어가자 유럽에서는 보기 드문 아주 넓은 광장과 그 한가운데 오벨리스크(Obelisk)가 눈에 들어왔다. 약 300톤이나 나가는 엄청난 돌기둥은 3천 년 전에 이집트에 세워졌던 걸 2천 년 전에 교황이 전리품으로 옮겨 왔다고 한다. 오벨리스크 뒤로 보이는 성 베드로 대성전은 규모도 컸지만, 아주 아름다웠다.

"우와~ 태풍아, 아빠가 그동안 교회랑 성당에 많이 와 봤는데 여기는 비교가 안 된다. 진짜 엄청나다."

"아빠, 그림도 많고 엄청나게 크다."

성 베드로 대성전은 웬만한 교회와 성당 몇 개를 합쳐 놓은 듯, 크기며 내부 장식이 아주 화려하고 웅장했다. 내부 중앙 계단 아래에는 베드로의 무덤이 있다는데 그뿐만 아니라 고개를 돌리는 곳곳마다 입이 다물어지지 않았다. 온통 벽이며 바닥이며 천장이 화려해 현기증이 날 정도였다.

▲ 아주 화려한 성 베드로 대성전 내부

그렇게 구석구석 돌아보는데,

"아빠, 이제 가자. 나 다리 아파."

"어…. 그래, 가자."

바티칸은 국가로 분류는 되지만 좁은 면적 탓에 성당과 가톨릭 관련 박물관, 묘지, 정원 그리고 신도 관련 시설만 있고 음식점 같은 건 없었다. 우리는 대성전에서 나가 바티칸 바로 앞 노천카페에서 점심을 먹었다. 자리에 앉아 메뉴를 고르는데….

"태풍아, 큰일 났다."

"아빠, 왜?"

"아까 성당에서 뭐 하나 빠뜨리고 왔어."

"성당? 뭐? 휴대폰? 지갑?"

"우리 피렌체에서 〈다비드상〉 봤잖아? 그거보다 더 유명한 게 있거든. 〈피에타(Pieta)〉라고 예수님이 죽은 걸 엄마가 안고 있는 조각인데…."

"그게 그렇게 유명해?"

"응, 그게 제일 유명한 건데, 아빠도 그건 못 봐서…. 너한테도 보여 주려고 했는데…. 다시 갈까…?"

"아빠! 다음에 다시 와서 보면 되지, 거길 또 가? 아까 들어가는데 1시간 넘게 기다렸는데, 어? 아빠 그게 소중해, 태풍이가 소중해?"

아들은 흥분한 듯 래퍼가 되어 쉬지 않고 잔소리를 시작했다.

"당연히 우리 아들이 소중하지."

"그러면 다음에 다시 와서 봐! 내가 데려올게, 됐지?"

"응…. 그래, 그럼 되겠네."

'태풍아! 분명 약속했다.'

이탈리아-나폴리,
아니! 세상에 피자가 이렇게 맛있는 음식이라고?

그동안 이탈리아에 여러 번 왔었지만, 항상 북부 쪽만 여행했었는데 오늘 처음으로 악명⁽?⁾높은 남부 지방의 도시 나폴리로 향했다. "이탈리아 남부는 위험해요. 마피아 소굴이에요. 운전도 험해요." 이런 말을 수도 없이 들었다. 거기에 지금은 어린 아들과 여행하고 있기에 오랜만에 긴장한 채로 나폴리 시내로 들어섰다. 먼저 김민재 선수가 뛰고 있는 SSC 나폴리 축구장으로 갔다.

▲ SSC 나폴리 축구장에 주차된 흰둥이

▲ 경기장 내부는 아주 지저분했다

경기가 없어서인지 주차장과 주변은 한산했고, 경기장 출입문도 문이 그냥 열려 있었다.

"태풍아, 여기가 한국 축구 선수가 뛰는 엄청 유명한 팀이거든."

"누구야, 이름이?"

"김민재라고. 그리고 옛날에는 지금 메시보다 더 잘했던 '마라도나'라는 선수가 여기 있었대."

아들과 얘기하며 관중석을 둘러보는데 실제 경기가 있을 때 분위기도 충분히 알 수 있을 것 같았다. 관중석 바닥은 온통 쓰레기로 뒤덮여 있었다.

'아, 경기 중에는 이런 거 다 던지고 그러는가 보다. 역시 진짜 이탈리아 남부 사람들이 엄청 열정적인 게 맞나 보네.'

그리고 이제 시내로 들어갔다. 나폴리 시내는 꼭 영화 속에서 본 마피아들이 사는 마을 같았다. 높고 낡은 건물들이 촘촘히 들어선 거리는 아주 좁고 어둠침침했다. 좁은 골목으로 들어서면 누군가 흉기를 들이댈 것만 같은 분위기였다. 더 긴장한 채 밝은 노상 주차장에 주차하고 유명한 피자집으로 향했다.

우리가 찾은 집은 〈Brandi(브란디)〉라는 피자집으로 나폴리 3대 피자집 중 하나로 꼽히는 곳이었다. 이곳에서 세계 최초로 '마르게리타(Margherita) 피자'를 개발했다고 한다. 조금 대기하다 들어가서 앉고 마르게리타와 해산물 파스타를 주문했다. 유럽에서도 관광지의 유명한 원조집인데 피자 한 판에 8천 원으로 아주 저렴했다. 그리고 접시에 나온 피자를 보니 크기도 아주 컸다. 드디어 시식.

"우와~ 태풍아, 이거 먹어 봐. 진짜 진짜 맛있다."

"어디, 어디? 냠냠~ 진짜네. 아빠 빵이 엄청 부드럽고 쫄깃해. 엄청 맛있다. 이래서 이탈리아는 피자라고 하는구나!"

평소 한국에서 내 돈 내고는 안 먹는 음식이 피자였다. 누가 먹으라고 주면 먹는 '어쩔 수 없이 먹는 간식?' 정도였던 피자에 대해 새로운 사실을 알았다.

피자는 정말 맛있는 음식이다.

▲ 마르게리타 피자 원조 집 '브란디'

돼지 아빠와 원숭이 아들이 흰둥이랑 지구 한 바퀴

태풍이 일기

아빠랑 나폴리에 왔다. 먼저 한국 선수가 뛰는 축구팀이 있다고 해서 축구장에 갔다. 엄청나게 컸는데 경기장이 지저분했다. 이탈리아 남부 지역 사람들은 엄청 화도 잘 내고 그래서 그런 거 같다고 했다. 다시 시내에 피자 원조 집에 갔다. 세계에서 처음으로 '마르게리타'라는 피자를 만든 집이라고 했다. 그런데 먹어 보니 정말로 맛있었다. 나와서 젤라토를 먹는데 엄청 맛있고 양도 많은데 3천 원밖에 안 했다. 나는 나폴리가 좋아졌다.

 이탈리아-소렌토(Sorrento),
중요한 건 지금, 이 순간

나폴리에서 차로 1시간 정도 떨어진 거리에 있는 소렌토로 갔다. 소렌토로 가는 길의 바닷가 경치는 눈이 부시도록 아름다웠다. 해안은 대부분 절벽으로 이뤄져 멀리 보이는 풍경에 빠져 차선을 넘지 않도록 주의해야 할 정도였다. 차를 잠시 세우고 해안 절벽과 바다 위로 물드는 석양을 눈에 가득 담고 나서 숙소에 도착했다. 첫날은 푹 쉬고 다음 날 아들과 해안으로 나갔다.

▼ 쏘렌토부터 아말피까지는 해안 절경이 이어진다

"태풍아, 아빠가 태어나서 처음으로 제주도에 가 본 게 거의 20년 전이 거든? 그런데 여기 와 보니까 그때 기분이 든다."

"그게 무슨 기분이야?"

"그냥 예쁘고, 신기하고, 편안하고 진짜 놀러 온 기분."

"그래? 우리 계속 여행하고 있잖아."

"그래. 그런데 그냥 여행 말고, 아빠가 태어나서 처음으로 어디 멀리 놀러 갔을 때 그런 기분이 들어. 너무 좋다~"

아들과 해안 절경을 보며 바닷가를 걸었다. 날씨만 따뜻하면 바로 바다로 들어가 아들과 물놀이를 하고 싶었다.

"태풍아, 우리 나중에 여름에 여기 다시 오자. 여기 물놀이를 하면 더 좋을 거 같아. 물이 엄청 맑잖아."

"그런데 아빠! 여행하면서 아빠가 다시 오고 싶단 데가 왜 이렇게 많아?"

"그렇게 좋은 데만 아빠가 골라서 여행하고 있는 거야. 우리 원숭이~ 그거 알아?"

"그런 건가? 히히."

나는 원래 아들과 차로 30분 거리에 있는 폼페이 화산 공원에 가려고 했었다. 그런데 갑자기 아들과 화산재에 파묻힌 사람과 유물을 보는 것 보다는 아들을 놀이공원에 데려가야겠다는 생각이 들었다. 그래서 계획을 틀어 급히 놀이공원을 검색해 보니 때마침 베수비오산 바로 아래 근사한 놀이공원이 있어 찾아갔다.

이름은 'Liberty City Fun(자유 도시 재미)' 우리 부자는 2천 년 전 폼페이를 멸망시킨 베수비오산을 바라보며 관람차를 탔다. 그리고 그런 생각이 들었다. 2천 년 전 갑자기 세상을 떠난 폼페이 시민 중에도 '아들이랑은 나중에 놀아야지. 지금 바쁘니까 가족 여행은 나중에 한가해지면 가야지.'

하며 미루다 죽은 사람들도 있지 않았을까? 나는 지금, 이 순간을 즐겨야 겠다. 다시 돌아오지 않을 동심을 간직한 귀여운 아들과의 시간을.

▲ 폼페이에 있는 놀이공원

▲ 베수비오 산 아래 놀이공원에서 탄 대관람차

태풍이 일기

아빠랑 소렌토라는 도시에 갔다. 한국 자동차 이름이랑 똑같은 도시라고 했다. 가는 길이 절벽 위에 있어서 조금 무서웠다. 아빠랑 피자를 맛있게 먹었는데 아빠가 선물이 있다고 했다. 바로 놀이공원이었다. 옛날에 나폴리랑 소렌토 사이에 '폼페이'라는 도시는 화산 폭발로 사람이 많이 죽었다고 했다. 그때 폭발한 화산 이름이 베수비오(Vesuvio)산이라고 했다. 그런데 놀이공원이 그 산 바로 아래 있다고 했다. 아빠랑 2천 년 전에 여기 사람들을 모두 파묻었던 베수비오 화산을 보면서 놀이공원에서 놀았다. 신기했다.

산마리노공화국-산마리노(San Marino),
저녁놀 보며 걷기 좋은 도시

이탈리아 동쪽 연안으로 아드리아해를 따라 올라가다 내륙으로 방향을 틀어 산속의 작은 나라 산마리노로 갔다. 유럽에서 3번째로 작은 나라인 이곳은 해발 700m 산속에 있어 입국은 자동차나 케이블카로만 할 수 있다. 나라가 작고 산 위에 있어 공항도, 기차역도, 항구도 없는 나라이다. 호텔 앞 노상 주차장에 주차하고 시내를 걸었다.

▶ 산마리노 시내에
주차된 흰둥이

"태풍아, 여기가 유럽에서 세 번째로 작은 나라래."

"그래? 그럼 바티칸, 모나코 다음인가 보네?"

"그래, 그런데 땅 크기는 세 번째인지 몰라도 시내 크기는 모나코보다 훨씬 작은데? 시내 돌아보는 데 10분도 안 걸리겠어."

산이나 국토 면적은 조금 더 큰지 몰라도 시내의 면적은 리히텐슈타인 이나 이곳 산마리노나 걸어서 10분이면 모든 건물을 다 볼 수 있을 정도였 다. 우리는 산마리노 국기에도 나오는 티타노산 정상 부근에 있는 성 전망 대로 갔다. 성이라기엔 아주 작은 감시 초소 같은 규모였지만, 경치는 아주 좋았다.

▲ 티타노산 전망대, 산 아래는 이탈리아 땅이다

"우와~ 태풍아, 여기 경치 엄청 좋다~ 저기 아드리아 바다도 보이네."

"아빠, 여기 아래 봐! 엄청 가파르다."

"그래, 여기 산 위로는 산마리노고, 산 아래는 이탈리아 땅이야. 태풍아, 여긴 땅도 좁고 산 위에 있어서, 비행기랑 기차도 못 다닌대. 그래서 여행 하러 오기 힘든 나라야. 아빠랑 태풍이랑 같이 오는 것도 여기는 마지막이지 않을까?"

"다음에는 못 와?"

"응, 이탈리아도 좋은 데가 엄청 많아서… 아마 여긴 또 못 오지 않을까?"

그렇게 나는 아들의 손을 꼭 잡고 작은 시내를 구석구석 걸어 다녔다.

그리고 이날은 아들도 투정을 부리지 않았다.

▲ 해발 700m에서 바라본 석양

 이탈리아-베네치아(Venezia),
곤돌라가 이렇게 싸다고?

　　파리와 프라하만큼 낭만적인 도시 베네치아에 도착해 아들과 버스를
타고 본섬으로 갔다.

　　"태풍아, 여기는 베네치아라는 도시인데 바다 위에 건물을 지었어. 그
리고 여기는 건물 사이로 자동차가 다니는 게 아니라 배가 다녀."

　　"그래? 신기하다. 그럼 우리도 배 타고 가?"

　　"응. 여기는 버스처럼 큰 배도 있고, 택시처럼 작은 배도 있어. 그래서
수상 버스, 수상 택시라고 해. 우리도 그거 타고 들어갈 거야."

　　"이야~ 신난다."

　　중심지인 산마르코 광장으로 가기 위해 수상 버스표를 끊었다. 섬 중
앙의 큰 운하를 따라서 4km 정도 가는 노선으로 산마르코 광장까지는
50분 정도 걸렸다.

▲ 베네치아 수상버스

▲ 리알토 다리와 대운하

"아빠, 집마다 현관문 바로 앞에 바다가 있어."

"그래, 다 옆집 갈 때도 배 타고 다니는 거야. 그래서 베네치아를 '물의 도시'라고 해."

"진짜 신기하네. 집마다 배가 있나 봐."

▲ 산마르코 광장

수상 버스 요금이 비싸긴 했지만, 그래도 가는 동안 보는 경치만으로도 돈이 그리 아깝진 않았다. 우리는 산마르코 광장과 산마르코 대성당을 보고 골목을 거닐었다. 나는 베네치아에 두 번째 방문이었지만, 역시 다시 봐도 신기하고 아름다운 도시임은 틀림없었다.

"아빠, 배고파."

"그래, 우리 가서 피자 먹자. 오늘이 이탈리아 마지막 날인데 피자 먹어야지."

"그래, 흑흑~ 이제 피자가 맛있는 이탈리아도 마지막 날이네."

운하와 곤돌라를 보며 골목으로 들어가 작고 아늑한 광장에 있는 노천카페에 앉았다.

"태풍이는 또 디아볼로 피자야?"

"당연하지~ 난 디아볼로 피자가 최고야."

"그럼 아빠는 해물 리소토 시킬게."

"아빠, 어떻게 피자가 먹는 데마다 맛있어? 냠냠~"

"그래? 이것도 먹어 봐."

"냠냠~ 어? 이것도 맛있네?"

"그래, 이탈리아는 이렇게 볼 것도 많고 맛있는 음식도 많더라고. 그래서 아빤 옛날부터 꼭 너를 이탈리아에 데려오고 싶었어."

▲ 이탈리아에서 먹는 마지막 피자

점심을 접시가 뚫어지게 싹싹 긁어 비우고 다시 골목을 걸었다.

"날씨가 덥지도 않고 춥지도 않고 딱 좋다, 그렇지?"

"응. 아, 아니… 나 더워, 아빠."

"덥긴~ 너 또 젤라토 먹으려고 그러지?"

"어떻게 알았지? 역시 돼지가 먹는 거 눈치는 빠르다니깐!"

나는 곤돌라 탑승장 옆에 있는 카페로 가 따뜻한 카푸치노와 젤라토를 주문했다.

"태풍아~ 아빠, 너무 행복하다."

"냠냠~ 아빠! 태풍이도 너무 행복해."

"우리 이거 먹고 곤돌라 타자."

"여기 앞에 저 배?"

"응, 저게 엄청 비싸서 아빠 혼자 왔을 땐 못 탔었는데, 태풍이랑 왔으니까 이번엔 한번 타 보려고."

"재밌겠다."

우리는 카페에서 나와 바로 앞 곤돌라 탑승장으로 갔다.

"여기 곤돌라 탑승장인가요?"

"네, 여기 줄 서세요."

"표는 어디서 끊나요?"

"그냥 줄 서세요. 배에 타서 내면 됩니다."

▲ 짝퉁 곤돌라, 5분 만에 바로 앞 섬에 내려주었다

한 5분 정도 기다리다 다른 사람들과 함께 큰 곤돌라에 올라탔다.

"어? 원래 곤돌라 몇 명 안 타는 건데? 이건 왜 이렇게 사람이 많이 타지? 버스형 곤돌라도 생겼나? 일단 타 보자, 태풍아."

"3천 원이요."

"3? 3천 원이요?"

단체로 여러 명이 함께 타니 싼가 보다 하고 곤돌라에 올라탔다. 일반 곤돌라랑 비슷하게 생기고 운전하시는 분도 같은 옷을 입고 있어 관광 곤돌라라고 생각하고 탔는데 알고 보니 관광용이 아니라 바로 맞은편 섬으로 가는 곤돌라였다. 우리는 허무하게 5분 만에 맞은편 섬에 내렸다.

"태풍아, 아빠 이게 베네치아 둘러보고 관광하는 곤돌라인 줄 알았는데 그냥 여기 섬 건너오는 버스였다."

"까르르~"

"어떡하지? 이거 다시 타고 넘어가야 하는데? 바로 타긴 창피하니까 여기 둘러보고 다음에 타자. 얼른 와~ 이야~ 여기 멋있네~"

배꼽이 빠져라 웃는 아들을 억지로 끌어당겼다. 이왕 넘어온 김에 건물 구경을 하다 10분쯤 뒤에 같은 곤돌라에 다시 올라타 원래 위치로 돌아갔다. 아들은 아까 상황이 재밌는지 10분째 웃음이 끊이질 않았다.

"태풍아, 소용히 좀 해 봐. 운전하시는 분이 우리 계속 보잖아."

"까르르~"

"우리 이제 진짜 곤돌라 타자."

"이번엔 또 어떤 섬에 내리려나?"

"쉿~ 조용히!"

곤돌라 탑승장에 하차한 후 이번엔 진짜 관광용 곤돌라에 올라타 베네치아의 좁은 운하 사이를 이리저리 다니며 물의 도시를 마음껏 만끽했다.

'태풍아, 생각해 보니 곤돌라 잘못 탄 게 잘됐네. 재밌는 추억 하나 추가요~'

태풍이 일기

아빠랑 버스를 타고 섬으로 갔다. 배처럼 생긴 수상 버스를 탔다. 섬에 내려서 피자랑 리소토를 먹었다. 엄청 맛있었다. 운하 옆 카페에서 젤라토를 먹고 곤돌라를 탔다. 그런데 비싸다던 곤돌라가 3천 원밖에 안 해서 아빠는 싸게 잘 탔다고 좋아하셨다. 그런데 알고 보니 그냥 바로 앞 다른 섬에 내리는 버스 같은 곤돌라였다. 아빠는 바로 다시 타면 창피하니 옆에 갔다가 다시 타자고 했다. 나는 그때부터 계속 웃음이 났다. 다시 곤돌라를 타고 돌아가는데 너무 재밌어서 웃었는데 아빠가 웃지 말라고 했다. 그래도 진짜 곤돌라를 타고 베네치아를 돌아보는데 재밌었다. 베네치아는 재밌는 도시이다.

 슬로베니아-류블랴나(Ljubljana),
과거와 현대가 공존하는 작은 서울 같은 도시

슬로베니아는 과거 유고슬라비아라는 강력한 공산국가 연방에서 가장 먼저 분리 독립한(1991년) 작지만 강한 나라이다. 우리는 그런 슬로베니아의 수도 류블랴나로 갔다.

"태풍아, 여기가 류블랴나성이야. 작아서 금방 돌아볼 거야."

"성? 그런데 여기는 도시 이름이 왜 이렇게 어려워? 루블라나?"

"그렇지? 이름이 좀 어려워. 그런데 여기 말로 '사랑하다'라는 뜻이래. 그리고 슬로베니아(Slovenia) 나라 이름에도 영어로 사랑이란 'Love' 단어가 있어. 신기하지?"

"진짜? 신기하네."

"영차영차! 이제 다 왔어. 조금만 가면 돼."

계단을 올라 성 꼭대기로 갔다.

"아빠, 나 고소공포증 있는데…. 여기 무서워."

"아빠가 꼭 잡고 있을게. 저기 봐. 여기 시내가 다 보이지?"

"응, 그래도 보람은 있네."

"여기는 다른 도시랑 조금 다른 것 같아. 저기 높은 건물도 많이 보이고."

"어디 봐 봐. 정말 그렇네. 꼭 한국 같아."

▲ 류블랴나 성에서 본 시내

류블랴나는 인구 30만 명이 사는 한 나라의 수도였지만, 그동안 여행한 다른 유럽 도시와는 다른 모습이었다. 대부분의 유럽 도시는 구도심은 과거 건물을 유지하고 한쪽으로 떨어진 신도심에 고층 건물이 있는데, 이곳 류블랴나는 일부 옛 건물이 모인 지역을 제외하고는 전부 현대식 건물이 들어서 있었다. 그러고 보니 휴대전화도 5G 신호가 잘 잡혔다. 여러모로 젊은 국가⟨?⟩ 현대적인 국가라는 느낌이 들었다. 성 뒤편 산책로를 따라 시내로 내려와 노천카페가 이어진 작은 천변 거리를 걸었다. 류블랴나는 거주 인구도, 찾는 관광객도 많지 않고 거리도 깔끔해 산책하기 좋은 도시인 것 같았다.

"태풍아, 우리 조금만 더 걸을까?"

류블랴나성에서부터 걸어 내려오며 이미 지친 아들이 힐끔 째려봤다.

"그래, 내일 가는 도시에서 재밌게 놀게 오늘은 푹 쉬자."

여러모로 류블랴나는 과거 유고연방에서 독립한 국가, 즉 공산권 국가의 면은 찾아보기 힘들 만큼 아늑하고 걷고 싶은 도시였지만, 다음을 기약하며 아들과 젤라토 가게로 향했다.

▲ 류블랴나의 랜드마크, '드래곤 다리'

 오스트리아-빈(Wien),

태풍아, 너만 살겠다고?

빈에 도착해 제일 먼저 성 슈테판 대성당으로 갔다. 12세기에 지어진 성당으로 특히 화려한 지붕이 인상적인 곳이었다. 성당 안으로 들어서자 미사가 진행되고 있었다. 아들과 구경하다 엘리베이터를 타고 성당 옥상으로 올라갔다.

▼ 지붕이 인상적인 성 슈테판 성당

"태풍아, 여기 천장 색깔 예쁘지?"

"응, 그런데 높아서 무서워."

"괜찮아. 여기 보호 장치 있잖아. 저기 아래 마차도 다닌다."

"어디? 나도 볼래. 어? 진짜네. 마차도 있네."

다시 내려가서 아들과 마차를 타 보려고 했다.

"태풍아, 마차 타 보자."

아들은 생각보다 큰 말을 보더니 무서웠나 보다.

"아냐. 아빠, 무서워. 그냥 나 버스 타 볼래. 2층 버스."

"그럴까?"

아들은 바르셀로나에서부터 2층 버스를 타자고 했었다. 그런데 아직 못 타 봐서 마침 볼거리가 많은 빈에서라도 태워 줘야겠다 싶어 시티 투어 버스 정류장으로 갔다.

"어? 태풍아, 이거 타면 시간이 너무 오래 걸리겠는데?"

"그래도 타고 싶은데."

"그럼, 다음 도시에서 티고 오늘은 아빠랑 놀이공원 가자."

"놀이공원? 여기 놀이공원이 있어?"

"그럼, 아빠가 다 알아 놨지."

"아빠, 빨리 가자."

▲ 놀이공원 '프라터'

빈 시내에 있는 놀이공원 '프라터 (Prater)'로 갔다.

"와~ 아빠 신나! 놀이기구가 왜 이렇게 많아?"

"그러니까 아빠 생각보다 훨씬 크고 좋은데?"

"아빠, 빨리 가자. 나 다 타 볼래."

아들은 오랜만에 땀에 흠뻑 젖을 만큼 신나게 뛰어놀았다.

"아빠, 저것도 타 볼까?"

"뭐? 어떤 거?"

"저거 높은 데 도는 거."

"아~ 대관람차?"

"응, 조금 무섭긴 하지만 아빠가 고마워서 내가 용기 내 보는 거야~"

"그럴까?"

사실 프라터는 1897년에 만든 대관람차로도 유명해 내심 '한번 타 봤으면…' 했었는데 아들이 먼저 타자고 해 나는 기쁨을 감추지 못했다. 신나게 놀고 나가기 전 대관람차로 갔다.

"아빠, 이건 엄청 큰데? 한국이랑 프랑스에서 탄 거보다 훨씬 커."

"그래, 한 번에 여러 명이 들어가서 타는 거네."

우리가 탄 차량이 중간쯤 올라갔을 때 아들에게 장난을 쳐 봤다.

"태풍아! 아빠가 사실 너한테 미리 말 안 한 게 있는데, 이게 저 꼭대기에 올라가면 밑에 바닥이 쫙 열리면서 번지점프를 하는 거야."

"에이~ 거짓말하지 마."

"아냐, 여기 옆에 서랍장 있지? 여기 안에 안전벨트가 있어."

"그런데 왜 다른 사람들은 안전벨트 안 해?"

"이 사람들은 다 번지점프를 하려고 일부러 안 하는 거야~"

능청스럽게 대답하자 아들은 이제 정말 믿는 눈치였다. 그러는 사이 우리가 탄 차량은 거의 꼭대기에 다 와 갔다.

"아빠, 빨리 비켜 봐. 나는 이거 할래."

"아냐, 괜찮아. 아빠가 꼭 껴안고 있을게. 그럼 괜찮아."

"아냐! 빨리 비켜 봐! 아빠는 안 해도 나는 이거 할래."

아들은 서둘러 서랍장을 열려 하면서 울먹거렸다.

"지금까지 오태풍의 몰래카메라였습니다~"

"…."

"아빠가 장난친 거야."

"진짜? 장난이야?"

"응, 그래. 미안해~"

"아휴~ 살았다. 진짜 놀랐잖아."

"미안해. 진짜 믿을 줄 몰랐지. 그런데 그렇다고 좀 전에 너만 살겠다고 너만 안전벨트 한다고 했지? 너무한 거 아냐?"

"그거야~ 나라도 살아야 아빠를 도와주니까 그랬지. 히히."

모차르트와 베토벤, 구스타프 클림트 등으로 유명한 음악과 예술의 도시에서 우리 부자는 프라터의 추억을 만들고 슬로바키아로 향했다.

▲ 프라터 대관람차, 1897년에 만들었다

태풍이 일기

아빠랑 오스트리아 빈에 왔다. 여기는 모차르트랑 베토벤이 살았던 도시라고 했다. 성 슈테판 대성당이랑 오페라 하우스를 보고 프라터라는 놀이공원에 갔다. 한국에서 못 본 놀이기구가 많이 있었다. 재밌게 놀다 마지막에는 대관람차를 탔다. 엄청나게 큰 대관람차였다. 그런데 아빠가 장난을 쳤다. 꼭대기에 올라가면 바닥이 열리는 번지점프였다고 말한 거였다. 나는 깜짝 놀라서 안전벨트를 매려고 했는데 아빠가 몰래카메라였다고 말했다. 아빠가 얄미웠다. 그래도 오늘 재밌는 데 와서 용서해 줬다.

 슬로바키아-브라티슬라바(Bratislava),
한국에서도 통할 양념갈비 맛집

빈에서 자동차로 1시간 거리에 있는 슬로바키아의 수도 브라티슬라바
는 인구 40만 명이 사는 작은 도시이다. 슬로바키아는 어른들에게 체코
슬로바키아라는 이름으로 더 익숙하기도 한데 30년 전인 1993년에 체코
와 분리되었다.

흰둥이를 브라티슬리비성 근처 주택가에 주차하고 성안으로 갔다. 브
라티슬라바성은 언덕 위에 하얀색으로 되어 있어 멀리서도 눈에 띄는 관
광지이다. 전망대에 올라가니 브라티슬라바 도시를 감싸고 흐르는 도나
우강과 구시가지가 한눈에 들어왔다. 성안은 넓은 잔디밭과 어린이 놀이
터가 있었다. 아들은 저 멀리 있는 놀이터를 금방 알아채고 쏜살같이 뛰
어갔다.

"아빠, 안녕~"

그네와 미끄럼틀, 시소를 타다 아들과 성벽을 따라 걸었다. 성벽에서
바라보는 구시가지는 도나우강과 함께 어우러져 아름다웠다.

▲ 도나우강과 브라티슬라바 구시가지

우리는 흰둥이를 호텔에 주차해 놓고 구시가지로 걸어갔다. 호텔 바로 앞에 온통 파란색으로 칠해진 성당이 있었다. 일명 '파란 성당'으로 유명한 '성 엘리사벳 성당'이었는데 특이하면서도 아름다웠다.

▲ 성 엘리자베스 성당(일명 파란 성당)

다음은 브라티슬라바에서 가장 유명한 미카엘 게이트로 갔다. 도심지는 다른 유명한 도시에 비해서는 작았지만, 그래도 작은 도시 특유의 아늑함을 느낄 수 있었다.

저녁을 먹으러 인터넷에서 미리 검색한 곳으로 갔는데, 나는 들어서는 순간 맛집임을 직감했다. 현지인들이 많이 찾는 〈Mestiansky 양조장〉이라는 대형 펍이었는데 분위기가 좋았다. 메뉴를 받아 양념돼지갈비와 내장 수프 그리고 샐러드를 주문했다. 음식이 금방 나왔고, 먹어 보니 완전 한국의 맛이었다.

"태풍아, 갈비 먹어 봐. 진짜 맛있다."

"냠냠~ 아빠, 이거 완전 맛있어. 한국에서 먹던 맛이랑 비슷한데?"

"이야~ 아빠, 잘 찾아왔지?"

"응. 아빠, 최고야. 나 이거 다 먹을래."

"후루룩~ 태풍아, 이거 수프도 맛있다."

외국에 나와서 입맛에 맞는 음식을 찾는 건 정말 기분 좋은 일이다. 나야 아무거나 잘 먹고 물론 아들도 안 가리고 잘 먹는 편이긴 하지만, 아직 어려서 한국의 양념치킨 같은 '단짠' 맛을 좋아하는 아들이 좋아하는 음식을 찾는 게 쉬운 일은 아니다. 그래서 오늘처럼 아들이 엄지손가락을 세우는 날은 내가 더 기분이 좋다. 거기에 1752년부터 양조장을 운영한 이 집은 맥주 맛 또한 기가 막혔다.

브라티슬라바에 오시면 이 식당은 꼭 와 보셔야 해요!

▲ 모든 음식이 다 맛있었던 맛집, 맥주도 직접 만든다

 헝가리-부다페스트(Budapest),
어린이에게 겨울철 따뜻한 물에서 수영이란

우리는 헝가리에 들어와서는 바로 〈세체니〉라는 온천에 갔다. 아들은 물놀이를 할 수 있다며 소풍날 어린이처럼 난리다.

"아빠, 빨리 가자. 다른 사람들 다 들어가서 우리는 못 들어가면 어떡해?"

"아유~ 괜찮아. 거기 엄청 커."

아들과 함께 입장한 〈세체니〉 온천은 아들뿐만 아니라 그동안 30,000km 넘게 운전하며 피로가 쌓인 나에게도 최고의 관광지였다.

▶ 세체니 온천
1913년 완공되었다

"태풍아, 어때?"

"아빠, 말이 필요해? 최고야!"

"그게 끝이야?"

"우리 아빠 최공~~"

헝가리는 온천으로 유명한 지역이 많다. 그중에서도 남부 지방에 Heviz(헤비츠)라는 곳에는 지름 200m, 수심 38m나 되는 호수 바닥에서 온천수가 올라오는 천연 온천 호수가 있는데, 아들과 그곳을 꼭 가보고 싶었다. 하지만, 루마니아로 가는 일정상 못 가게 된 게 아쉬웠는데 그래도 세체니에서 아주 행복해하는 아들의 표정을 보니 그런대로 아쉬움이 사라졌다.

"태풍아, 오늘은 여기서 물놀이하고 푹 쉬자."

"아빠, 너무 좋아."

재밌게 물놀이를 하고 저녁 무렵 호텔로 향했다. 오늘 부다페스트에서는 흰둥이를 주차할 수 있는 주차장이 있는 숙소를 못 찾아 결국 사설 주차장을 따로 찾아 주차해야 했다. 숙소와 최대한 가까운 곳을 찾는다고 찾았는데 300m 정도는 걸어야 했다. 아들을 호텔에 쉬게 하고 나는 차에 실린 살림살이를 두 번에 걸쳐 옮겼더니 벌써 팔에 힘이 빠져 버렸다. 기분은 팔이 바닥까지 늘어난 것 같았다. 그래도 하루에 한 번은 한식을 해 먹이겠다고 다짐했으니, 밥솥이며 한식 조리 도구와 식기 등은 꼭 날라야 했다. 야무지게 장을 보고 미역국이랑 미트볼 요리를 해서 저녁을 먹었다.

다음 날, 우리는 아침 일찍 중앙시장으로 갔다.

"어? 문 닫았네? 오늘 휴일이래."

아들 입에서는 벌써 잔소리가 나오려고 했다.

"그럼 우리 2층 버스 타자."

"2층 버스? 어~ 좋아, 아빠."

아들 입에는 굴뚝빵을 하나 물리고 손잡고 2층 버스를 타러 갔다.

"우리 맨 앞으로 가자."

"와~ 아빠, 나 이 버스 타 보고 싶었는데~ 너무 좋다."

"그래, 여기 앞에서 버스 타고 구경하자."

시내를 둘러보고 부다페스트 전경을 보기 좋은 '어부의 요새'라는 곳 바로 앞에서 내렸다. 언덕 위는 길이 좁아 버스가 못 가는 것 같았다. 어떻게 저 위까지 올라가나 걱정하고 있는데 바로 옆을 보니 미니버스가 있었다. 물어보니 생각보다 비싸지 않아서 아들과 미니버스를 타고 언덕 위까지 올라갔다.

"아빠, 이 버스 우리 그때 탄 거랑 똑같다."

"아~ 스페인 톨레도?"

"아~ 맞아. 톨레도."

"응, 그거랑 비슷하네."

정류장에 도착해 전경을 보는데 역시 부다 지역에서 내려다보는 경치는 아주 아름다웠다.

▼ 부다페스트의 야경을 보는 곳으로 유명한 '어부의 요새'

사실 부다페스트는 밤에 보는 야경이 훨씬 아름다운데 아들에게 못 보여 주는 게 아쉬웠다. 피곤해하기도 하고 혹시라도 모를 안전을 위해 되도록 밤에는 돌아다니지 않기로 해 어쩔 수 없었지만, 그런 걸 알 리 없는 아들은 벌써 배가 고프다고 투덜댔다.

"아빠, 나 배고파."

"그래, 여기서 밥 먹자. 여기 헝가리도 음식이 엄청 맛있어."

우리는 식당으로 들어가 도나우강이 내려다보이는 자리에 앉았다. 헝가리 전통 음식인 굴라쉬와 닭가슴살 샐러드를 주문했다.

"태풍아, 이거 한번 먹어 봐. 이게 '굴라쉬'라고 여기 전통 음식인데 한국 음식이랑 맛이 비슷할 거야."

"음~ 아빠, 엄청 맛있는데? 아빤 왜 이렇게 맛있는 음식도 잘 알아?"

"아빠가 누구야?"

"꿀꿀이~"

"그래, 돼지는 먹는 거는 기가 막히게 잘 알지!"

"히히히!"

아들에게 부다페스트는 야경이 아닌 온천과 굴라쉬로 기억되었다.

태풍이 일기

    헝가리 〈세체니〉라는 온천에 갔다. 엄청 큰 수영장 같았다. 물도 따뜻하고 수영을 하니 재밌었다. 소시지랑 감자튀김도 먹고 즐거운 하루였다. 부다페스트 호텔은 주차장이 없어서 다른 데 주차해야 한다고 했다. 그런데 주차장이 멀어서 아빠가 혼자서 짐을 날랐다. 다음 날은 2층 버스를 타고 어부의 요새랑 부다성에 올라갔다. 도나우강이랑 경치를 보며 헝가리 전통 요리를 먹었다. 바로 굴라쉬였다. 딱 내 입맛에 맞았다. 아주 맛있었다. 헝가리에 와서 수영도 하고 2층 버스도 타고 맛있는 굴라쉬도 먹고 너무 행복했다.

 루마니아-티미쇼아라(Timisoara),

슈테판! 화순 태권 보이라고 들어 봤니?

'루마니아 입국 전에 헝가리 돈을 다 쓰고 가야지.' 하고 생각했는데 어쩌다 보니 벌써 국경에 도착했다. 어쩔 수 없이 그냥 헝가리에서 출국하고 루마니아 검문소에서 입국 도장을 받았다. 이제부터는 '셍겐' 지역이 아니라서 출입국 때 여권에 도장을 받아야 한다. 이제 유럽은 동유럽 지역을 제외한 대부분 국가가 셍겐 협정을 맺어 국경을 넘을 때 별다른 검사를 하지 않는다. 하지만, 비셍겐 국가인 루마니아부터는 앞으로 국경을 넘을 때 각각 여권을 통한 출입국 심사를 하고 자동차 보험도 각각 따로 들어야 한다.

※ **셍겐 협정**: 유럽 각국이 공통의 출입국 관리 정책을 사용하여 국경 시스템을 최소화해 국가 간의 통행에 제한이 없게 한다는 내용을 담은 협정. 현재 유럽 내 26개국이 가입되어 있으며, 이 국가 안에서의 이동은 신분증 검사 등이 생략되어 자유롭게 이루어진다.

국경에서 오늘 가기로 한 티미쇼아라까지는 그리 멀지 않아 아들과 점심을 천천히 먹고 가려고 식당에 차를 세웠다. 돼지고기와 소시지, 계란 등 이것저것 섞인 메뉴가 있어서 하나 고르고 아들이 좋아하는 디아볼로 피자를 주문했다. 잠시 후 주문한 음식이 나왔는데 이건 뭐 먹어 보기도 전에 이미 맛있음을 본능적으로 느꼈다.

"태풍아, 이건 완전 한국 음식 같은데? 돼지고기가 우리나라에서 먹는 삼겹살이랑 똑같아."

"우아~ 진짜네. 아빠, 진짜 맛있어."

"이거 피자도 엄청 크네? 다 못 먹겠다. 음~ 맛도 좋아."

"어디 한번! 진짜네. 피자도 엄청 맛있어. 역시 아빠는 음식 주문하는 게 박사님 같아."

▲ 티미쇼아라 유니온 광장

루마니아 국경 넘어 시골길에서 만난 식당은 기대 이상으로 훌륭했다. 처음 만난 식당에서부터 맛있는 음식을 먹으니 루마니아에 대한 인상이 좋아졌다. 도착한 호텔은 허름한 아파트였지만, 집도 크고 시설도 괜찮았다. 다음 날, 아들과 중앙 광장으로 갔다. 티미쇼아라는 헝가리와 세르비아의 국경 근처에 있는 곳이었는데 도시 분위기는 꼭 러시아를 보는 것 같았다. 건물도 다 크고, 거리는 널찍널찍했다. 아들과 시내를 걷다가 도심지를 가로지르는 '베가(Bega)' 강변에 어린이 공원이 있는 게 보였다.

"태풍아, 여기 어린이 공원이 있다는데 한번 가 볼까?"

"어린이 공원? 응, 가자!"

인구 30만 명의 크지 않은 도시인데도 도심 곳곳에는 공원이 많이 있었다. 어린이 공원도 우리나라 아파트 공원처럼 작을 줄 알았는데 생각보다 크고 아이들이 뛰어놀 만한 장소가 아주 많았다.

"태풍아, 생각보다 크다. 가서 놀아!"

"와~"

아들은 뒤도 돌아보지 않고 뛰어갔다.

"아빠, 나 이거 타고 싶어."

꼭 게임기에 나오는 카트처럼 생긴 네발자전거였다.

"그래, 타."

아들은 카트를 타고 나는 걸어서 여기저기 구경을 다니는데 솜사탕 파는 분이 보였다.

▲ 지금껏 본 것 중 가장 아름다운 솜사탕

"태풍아, 솜사탕 먹을래?"

"네~"

솜사탕을 하나 사서 아들에게 주는데 옆에서 현지 꼬마가 다가왔다. 한 6~7살 정도 돼 보이는데 루마니아 말만 할 수 있어서 의사소통이 전혀 되질 않았다.

"너, 얘랑 같이 놀래?"

나는 손짓으로 물어봤다. 아이는 고개만 끄덕였다. 그래서 솜사탕을 같이 나눠 먹으라고 했더니 아주 좋아하며 옆에 앉았다. 나는 손짓으로 여기 혼자 왔냐고 물으니 혼자 왔단다. 이름을 물어보니 '슈테판'이라는 것 같았다. 솜사탕을 다 먹어 갈 즈음 둘이 자전거 경주를 해 보라고 하니 둘이 쌩하고 경주를 했다.

▲ 루마니아 꼬마 '슈테판'과 자전거를 타는 아들

아들도 오랜만에 또래 친구랑 노니 재밌어했다. 그렇게 한 20분 정도 재밌게 놀게 하는데 멀리서 지켜보니 그 루마니아 아이가 다른 루마니아 아이들 노는 데 가서 아이들을 괴롭히기도 하고 조금 과격하게 노는 게 보였다. '아, 얘는 부모님이 안 계시거나 아니면 아직 교육을 잘 받지 못한 아이인가 보다.'라고 생각했다. 그런데 계속 다른 아이들을 괴롭히고 해서 내가 하지 못하게 말렸다. 그리고는 손짓으로 우리는 이제 가야 한다고 인사를 했다. 그랬더니 화를 내며 계속 우리를 쫓아오기 시작했다.

"아빠, 얘 왜 자꾸 우리 쫓아와?"

"그러니까…. 그냥 우리는 앞에만 보고 가자."

그랬더니 우리 앞길을 자기 자전거로 막았다. 옆으로 비켜서 가려니 아들에게 침을 뱉었다. 순간 화가 나서 "안 돼!"라고 말하고 반대 방향으로 가려는데 이젠 나에게까지 시비를 걸었다. 어린이에게 화를 낼 수도 없어 차분한 말로 "No!"를 외쳤지만 막무가내였다. 그때 가까운 벤치에 앉아서 책을 보고 있는 청년이 보였다.

"혹시 영어 하실 수 있나요?"

"네, 할 수 있습니다."

"저는 한국에서 아들과 여행 중인 사람인데요. 저 아이가 가라고 해도 자꾸 저희한테 시비를 걸며 침을 뱉어요. 혹시 도와주실 수 있을까요?"

그랬더니, 청년이 다가와 꼬마에게 루마니아어로 대화를 시작했다. 그 사이 나는 그 청년에게 눈인사만 하고 서둘러 아들과 자리를 떴다. 그런데 한 1~2분 뒤 그 꼬마가 자전거를 타고 우리를 다시 따라왔다. 그러더니 주먹으로 때릴 자세를 취했다. 그 짧은 순간 여행 출발 직전 한국에서 태권도 1품을 땄던 아들이 태권도 겨루기 자세를 취했다. 하지만 나는 재빨리 아들을 내 뒤로 숨기고 막아섰다. 그랬더니 그 꼬마는 움찔하며 뒤로 피했다. 나도 이제 더는 못 참아 큰 소리로 외쳤다.

"No(안 돼)! Go away(저리 가)!"

그랬더니 나에게 다가오지는 못하고 두 발짝쯤 떨어져서 주먹을 휘두르며 침을 뱉어 댔다. 그렇다고 어른인 내가 아이를 때릴 수도 없고 당황해하던 중 아까 그 청년이 우리에게 뛰어왔다.

"죄송합니다. 멀리서부터 계속 지켜보던 중이었어요. 제가 사과드릴게요. 그냥 가세요. 제가 막겠습니다."

그러더니 우리 앞으로 나와서는 그 꼬마를 막았다. 그리고 자기 몸으로 그 꼬마를 억지로 밀며 우리에게서 떨어져 루마니아어로 다그쳤다. 나는 아들 손을 잡고 빠른 걸음으로 큰길로 나갔다. 그리고 바로 우버 택시를 불러 타고 호텔로 향했다.

"태풍아, 아까 그 꼬마는 아마 집에 엄마, 아빠가 안 계시거나 학교를 못 다니는 그런 친구 같아."

"아빠, 근데 아빠 왜 이렇게 빨라? 아까 걔가 때리려고 하는데 어떻게 그렇게 빨리 피했어?"

"아빠가 그럼 운동을 얼마나 많이 했는데! 아빠가 쟤랑 싸우면 게임이 되겠어?"

"아빠, 아까 진짜 멋있었어."

"그래? 그런데 저 꼬마가 저랬다고 우리 루마니아 사람이 다 저런 거로 생각하지는 말자. 아까 그 아저씨가 우리 도와줬잖아."

"그 아저씨가 뭐라고 했어?"

"아까부터 우리 뒤에서 지켜봤는데. 자기가 봐도 그 꼬마가 너무 심해서 가만히 두면 도저히 안 될 거 같아서 따라와서 도와준 거래. 그리고 그 사람이 우리한테 대신 미안하다고 사과도 했어."

"고마운 사람이네."

"그래, 어딜 가든 좋은 사람 나쁜 사람이 다 있는 거야."

"응, 아까 나도 멋있었지? 내가 태권도 검빨간 띤데 그냥 확!"

"오~ 그러니까 아까 태풍이도 순간 태권도 자세 나오던데? 어떻게 그렇게 용감했어, 우리 아들?"

"아빠, 나도 이제 다 컸어."

"그래, 아빠도 든든하네."

2023년 3월 17일(금), 티미쇼아라 어린이 놀이터에서 한국인 부자를 도와주신 루마니아 청년을 찾습니다. 정말 감사했습니다. 당신 덕분에 루마니아에 대해 좋은 기억을 갖고 떠납니다.

 세르비아-베오그라드(Beograd),

저기요! 제 여권에 입국 도장은요?

루마니아와 세르비아 국경에 도착했다. 루마니아 여권에 출국 도장을 받고 바로 앞에 있는 세르비아 입국 검문소로 갔다. 루마니아와 달리 세르비아 검문소는 차 문을 열고 안의 짐을 열어 일일이 확인했다. 인상을 찌푸린 경찰관이 작은 물품 하나하나 물어보고 살펴봤다. 나는 호의적 분위기를 만들어 보려 말을 걸었다.

"저도 한국에서 국가공무원입니다. 지금 휴직하고 아들과 여행 중이에요. 고생 많으십니다."

"그래요? 무슨 일을 합니까?"

"환경부 공무원이에요."

"그래요?"

그나마 효과가 있었는지 피식하고 웃으며 여권에 도장을 찍어 줬다.

"아휴~ 태풍아, 세르비아는 친절하지 않은 게 꼭 러시아에 온 거 같다. 시간이 너무 많이 걸렸네. 이제 가자."

국경을 지나 운전하는데 주변 풍경도 꼭 시베리아 같은 분위기가 났다. 집도 별로 없고 있어도 아주 오래된 시골집이 모여 있었다. 그런데 그 순간 여권을 확인해야겠다는 생각이 들어 차를 갓길에 세웠다.

"잠깐만 여권 도장이… 어? 이상하네? 날짜가 잘못된 거 같은데?"

"아빠, 뭐가?"

"음…. 여권 도장을 찍을 때 날짜를 잘못 찍은 거 같아."

루마니아에서 출국할 때 출국 도장 날짜를 3월 18일로 찍어야 하는데 3월 15일 도장이 찍혀 있었다. 그리고 세르비아 입국은 3월 18일이니 중간에 3일이 붕 떠 버린 것이다.

"다시 검문소 가야겠다."

나는 차를 돌려 다시 검문소로 갔다. 세르비아 검문소 옆에 차를 세우고 검문소 경찰관에게 가서 말했다.

"안녕하세요. 조금 전에 여기 통과한 사람인데요. 제가 여기 오기 전 루마니아 국경에서 여권 도장 날짜를 잘못 찍은 거 같은데 잠시 루마니아 검문소에 갔다 와도 될까요?"

"아이고, 안녕하세요. 한국 공무원 맞죠? 아까 동료한테 얘기 들었어요. 반갑습니다."

내가 한국 공무원이고 아들이랑 한국에서 운전해서 여행을 왔다고 동료들끼리 얘기를 했었는지 다른 직원이 반가워하며 인사를 했다.

"네, 반갑습니다. 그런데 제가 여권 날짜가 잘못돼서요. 어떻게 해야 할까요?"

"아이고~ 괜찮아요. 문제없습니다."

"네? 그럼 저쪽에서 출국 날짜랑 입국 날짜 사이에 3일이 비는데 그래도 나중에 문제가 안 되나요?"

"아, 네~ 괜찮아요. 문제없습니다. 문제없어요."

"네? 그래도….”

"아유~ 괜찮아요. 문제없습니다.”

세르비아 경찰관은 세르비아 말인데도 꼭 구수한 충청도 사투리처럼 느릿하면서도 친근한 말투로 연신 “No Problem(문제없어요).”만 말했다.

"아, 네…. 그래요? 알겠습니다. 수고하세요.”

나는 뭔가 영 찝찝했지만, 세르비아 경찰관의 말을 듣고 그냥 다시 베오그라드로 향했다. 세르비아 내륙으로 점점 더 들어갈수록 작년에 지나왔던 러시아의 시베리아 지역이 떠올랐다. 대평야 지대에 낡은 주택만 가끔 모여 있었고, 식당이나 편의 시설은 찾아볼 수 없었다. 벌써 점심시간이 지났지만, 국경에서 100km를 달려오는 동안 식당이 보이지 않았다. 조금 더 운전해 드디어 식당이 보여 고민할 것도 없이 바로 차를 세웠다.

현대식 실내 장식의 고급 식당이었다. 얼른 주문해 돼지고기 요리와 수프를 먹는데 바로 옆 식탁에서 어른 4명이 담배를 피웠다. ‘노천카페도 아니고 밀폐된 실내에서 저렇게 담배를 피우다니…’ 나는 정말로 오랜만에 실내에서 담배 피우는 사람들을 봤다. 그것도 옆에 어린이가 있는데 계속해서 줄담배를 피워 댔다.

"태풍아, 세르비아는 아직 실내에서 담배를 피워도 되는 나라인가 보다. 우리 빨리 먹고 나가자.”

"응, 아빠. 나도 냄새 싫어.”

"그래, 우리나라도 옛날 20~30년 전까지는 저렇게 식당이나 건물 안에서 담배를 피우고 그랬어. 그런데 건강을 위해서 나라에서 금지한 거지.”

"아빠, 대한민국이 최고야.”

호텔에 도착 후 우리는 스카다리야 거리로 갔다. 버스킹 공연으로 유명한 거리로 골목마다 노천카페에서 음악 소리가 들렸다.

"여기 분위기 좋다. 공연도 하고. 여기서 아이스크림 먹자."

"오케이~"

베오그라드는 현재 세르비아의 수도이자 과거 유고슬라비아 연방의 수도이기도 했다. 유고연방은 1980년 지도자 요시프 브로즈 티토(Tito)가 사망한 후 혼란기를 겪었다. 이후 1989년 일명 '발칸의 도살자'라 불리는 밀로셰비치가 집권한 후 유고연방을 이루던 국가들은 분리 독립하기 시작했다. 1991년 슬로베니아를 시작으로 크로아티아, 마케도니아의 순으로 독립해 현재는 세르비아와 코소보만 남은 상태인 아주 복잡한 역사를 가진 나라가 바로 세르비아이다. 그리고 그 복잡한 역사의 대부분은 연방의 영토를 차지하기 위해 전쟁의 가해자 편에 섰던 나라이기도 하다. 그래서 베오그라드는 인구 170만 명이 사는 큰 도시이지만, 잦은 전쟁을 치른 탓에 유명한 볼거리는 많지 않았고 도시 곳곳에는 전쟁의 상처가 남아 있었다. 아들과 호텔 근처의 공원에서 놀고 있을 때 어린이 동상을 보고 아들이 물었다.

"아빠, 여기 왜 어린이 동상이 있어?"

"응, 여기 세르비아는 옛날에 전쟁을 많이 했거든. 그때 군인들 말고 어린이도 많이 죽어서 이렇게 어린이 동상도 세워 놓은 거야"

"그랬구나. 불쌍하다."

나는 그 전쟁의 대부분은 이 나라가 먼저 침략해서 응징을 받은 거란 말은 할 수 없었다. 잘잘못을 떠나 죄 없는, 특히 많은 어린이가 세상을 떠난 것은 가슴 아픈 일이기에. 공원에 세워진 어린이 동상 앞 비석에 1999년이라고 쓰여 있는 걸 보니 코소보와의 전쟁 때 미국과 NATO의 공격으로 희생당한 어린이의 추모비로 보였다. 코소보는 미국의 지원으로

UN 회원 193개국 중 한국, 미국, 일본 등 101개국으로부터 독립을 인정받았지만, 아직 세르비아는 독립을 인정하지 않고 자치주로 간주하는 불안정한 상태이다.

　세르비아의 어린이나 코소보의 어린이나 그냥 어린이일 뿐이지, 어른들의 잘못된 판단으로 희생될 존재가 아님을 모두 다 꼭 알았으면 좋겠다는 생각이 들었다.

▲ 베오그라드 성 사바 성당

베오그라드 요새 ▲

 보스니아 헤르체고비나-사라예보(Sarajevo),
1980년 5월의 광주와 닮은 도시

베오그라드에서 자동차로 5시간 거리인 사라예보로 떠났다. 세르비아와 보스니아 사이에는 드리나강이 흐르고 있었다. 세르비아 국경을 통과하고 보스니아로 들어가기 위해 다리를 건너는데 보스니아 국경 쪽에서 10대로 보이는 학생들이 가방을 메고 걸어서 국경을 건너고 있었다. '보스니아와 세르비아가 사이가 좋지 않을 텐데 그냥 걸어서 입출국을 자유롭게 하며 학교에 다니는 건가?' 하고 궁금해졌다. 보스니아 검문소에서는 자동차 보험에 가입하고 나서야 입국을 할 수 있었다.

점심을 먹으러 검문소 바로 앞에 있는 식당으로 들어가 메뉴판을 번역해 보니 돼지고기 메뉴가 있었다. '보스니아는 이슬람계가 많아서 돼지고기를 많이 안 먹을 텐데…' 나는 너무 궁금해 아들이 점심을 먹을 동안 보스니아에 대해서 인터넷을 통해 자세히 공부했다. 그러자 하나씩 궁금증이 풀렸다.

보스니아-헤르체고비나의 인구는 보스니아계(이슬람)와 세르비아계(정교회), 크로아티아계(가톨릭)가 5:3:2 정도로 섞여 있었고, 또 국토는 절반 정도로 나뉘어 세르비아 쪽 영토는 '스릅스카 공화국'이라는 세르비아인들의 자치 정부로 이루어져 있다고 했다. 그래서 보스니아-헤르체고비나의 정부는 각각 대통령을 뽑아 3명의 대통령이 번갈아 가며 통치를 하고 국가는 2개의 지역으로 나뉘어 운영된다니 정말 혼란스러운 나라란 걸 알게 되었다. 즉, 대외적으로는 '보스니아-헤르체고비나'라는 하나의 나라로 활동을 하지만, 대내적으로는 보스니아-크로아티아계 지역과 세르비아계가 운영하는 스릅스카 공화국, 이 2개의 자치 국가가 있는 복잡한 나라였다.

'아, 그래서 지금 여기는 보스니아 영토가 아니라 세르비아계가 사는 스릅스카 공화국이라서 10대 학생들이 자유롭게 세르비아로 왔다 갔다 하는구나!'

드리나강 근처 국경 지역에서 사라예보 쪽으로 조금 들어가니 계속 산길이 이어졌다. '보스니아는 산악 국가인가 보다. 세르비아는 대부분 평야 지대였는데…. 그럼 살기 좋지도 않은 땅으로 독립한다는 건데 왜 이렇게 반대하고 차지하려 했대?'라고 속으로 생각했다. 해발 1,300m 고지대를 넘어 산속을 달린 끝에 산 아래 분지에 있는 사라예보에 도착했다. 한 나라의 수도에서 가까운 거리에 있는 터널인데도 전등이 달려 있지 않고, 터널 주변은 낙석이 많이 있었다. 대충 보기에도 재정 상태가 좋지 않은 게 느껴졌다. 사라예보 시내는 가 볼 만한 장소가 아주 많았다. 하지만, 그 장소의 대부분은 전쟁으로 인한 아픈 상처들이었다. 보스니아 전쟁 때 발생한 총알 자국, 폭탄 투하 장소 등 아픈 상처들이 도시 곳곳에 남아 있었다.

▲ 제1차 세계대전을 촉발했던 '라틴 다리'

▲ 꺼지지 않는 불

▲ 생명의 터널, 외벽에 총알자국이 그대로 있다

나는 아들과 함께 그중에서 가장 중요한 장소로 갔다. 사라예보 공항 바로 옆에 있는 2층짜리 주택으로 보스니아인들이 '생명의 터널'로 부르는 곳이었다. 도착해 외관을 보니 주택 외벽은 수십 발의 총알 자국이 그대로 남아 있었다.

보스니아 전쟁 때 세르비아의 지원을 받은 민병대가 4년 동안이나 총과 폭탄으로 사라예보 주변을 포위해서 가둬 버렸었는데, 그때 이 집 주인이 허락해 주택 밑에서 UN 평화유지군이 지키던 공항 밑으로 터널을 냈다고 했다. 이 집의 지하에 난 터널을 통해 사라예보에 음식과 물자를 날라서 당시 세르비아계 민병대에 포위된 사라예보 시민을 살릴 수 있던 것이다. 보면 볼수록 1980년 5월, 외부와 갇힌 채 군인에게

▲ 1992~1996년까지 이 터널은 생명의 터널이었다

돼지 아빠와 원숭이 아들의 휜둥이랑 지구 한 바퀴

저항했던 광주가 떠올랐다. 사라예보는 베오그라드보다 훨씬 낙후되었고, 30여 년이 흘렀지만, 아직 전쟁에서 받은 상처를 다 치료받지 못한 걸 느낄 수 있었다. 나는 노르웨이 오슬로의 노벨평화상 기념관 바닥에서 보았던 문구가 떠올랐다.

"The best weapon is to sit down and talk."

가장 좋은 무기는 앉아서 대화하는 것이다.

넬슨 만델라 **Nelson Mandela**(1993년 노벨평화상 수상자)

▲ 오슬로 노벨평화상기념관 바닥에 있던 문구

태풍이 일기

아빠랑 사라예보 시장에 가서 전통 음식을 먹었다. 거리를 걷는데 성당에 총알 자국이 있었다. 시장에는 폭탄이 떨어져서 사람이 많이 죽은 흔적이 있었다. 아빠랑 흰둥이를 타고 생명의 터널이라는 집에 갔다. 벽에 총알 자국이 엄청 많았는데 들어가 보니 지하에 땅굴이 있었다. 이 땅굴을 통해서 사라예보에 음식이랑 약을 날라서 사람을 살렸다고 했다. 대단하게 보였다. 아빠랑 산에 있는 놀이터에 가서 신기한 썰매를 타고 놀았다. 한국에서 못 본 재밌는 롤러코스터 같은 썰매였다. 너무 재밌었다.

 보스니아 헤르체고비나-모스타르(Mostar),
한 달 살고 싶은 도시 추가요

500년 전에 지어진 아름다운 다리, 스타리 모스트(Stari Most)를 보러 남부 지방에 있는 모스타르(Mostar)로 갔다. 스타리 모스트는 1566년에 아랍 양식으로 지어진 아름다운 다리로 1993년 보스니아 내전 때 크로아티아군에 의해 폭파되었다가 전쟁 후 유네스코(UNESCO)에 의해 2004년에 복원되었다.

▲ 모스타르에 있는 스타리 모스트는 16세기에 만들어졌다

"태풍아, 여기 마을 엄청 예쁘다."

"아빠, 여기는 어디야?"

"모스타르라는 보스니아 도시야. 그런데 여기는 옛날 500년 전에 튀르키예(오스만 제국) 사람들이 살아서 건물이랑 다리랑 다 튀르키예식으로 지은 게 남아 있대."

"아빠, 저기 좀 봐! 다리 위에 사람이 서 있어."

"진짜네! 엄청 높은데! 여기는 옛날부터 저 다리 위에서 다이빙을 하고 그랬대. 우리 가 보자."

아름다운 아랍식 아치형 석조 다리 난간에 20대로 보이는 현지인이 서 있었다. 다리 난간은 강물 위로 높이가 20m는 족히 돼 보였다. 나는 다리 위에 서 있는 청년도 신기했지만, 독특한 아치형 다리가 아주 아름다웠다. 그리고 아래 흐르는 강물도 바닥이 들여다보일 정도로 맑아 다리와 잘 어울렸다.

"태풍아, 우리 세르비아도 갔다 왔잖아. 그런데 옛날에 30년 전에 세르비아랑 보스니아랑 그리고 크로아티아랑 전쟁을 했는데 그때 크로아티아 군인이 이 다리를 폭파해서 부숴 버렸대."

"다리를 왜?"

"이쪽은 보스니아 사람들이 살았고, 다리 건너편은 크로아티아 사람들이 살았는데 전쟁 중에 그냥 부숴 버린 거래".

"그럼, 지금은 다시 지은 거야?"

"응, 전쟁 끝나고 이 다리가 엄청 아름답고 소중하다고 생각한 사람들이 돈을 모아서 다시 똑같이 만든 거래."

"아, 그렇구나."

"그래서 이 다리는 아픔도 갖고 있지만, 화해의 상징이기도 해."

우리는 다리가 잘 보이는 노천카페에서 보스니아 전통 음식을 먹었다.

다리도 아름다웠지만, 아래 흐르는 맑은 강과 강변에 있는 오스만 제국 시대에 지은 건축물들도 아주 아름다웠다.

"아빠는 여기에서도 한 달 살고 싶다, 태풍아."

"아빠, 한 달 살고 싶다는 도시만 해도 몇 개야 지금?"

▲ 스타리 모스트 바로 옆에 있는 보스니아 전통 식당

모스타르는 고즈넉하단 말이 잘 어울리는 작지만 아름다운 도시였다. 나는 한 달 정도 살면서 마음껏 느끼고 싶을 만큼 아름다운 도시를 바라보며 부디 또다시 아픈 역사를 되풀이하지 않길 바랐다. 2004년에 복원된 스타리 모스트 다리 입구에는 이 문구가 쓰여 있었다.

"Don't forget(잊지 말자)."

7 1

 크로아티아-두브로브니크(Dubrovnik),
지금 우리 천국에 들어온 건가요?

우리는 크로아티아의 가장 남쪽에 있는 도시 두브로브니크로 갔다. 두브로브니크는 이탈리아와 크로아티아 사이의 아드리아해 연안에 있는 아름다운 도시이다. 이곳은 600~700년 전에 지어진 성과 잘 보존된 주택들이 푸른 바다 색깔과 어울려 오래전부터 '아드리아해의 진주'라고 불렸다. 구 유고연방의 역사가 복잡하듯 이쪽 지역은 많은 사연이 있어서 두브로브니크로 가는 길은 보스니아의 작은 해안 도시 '네움(Neum)'을 거쳐서 들어가야 한다. 그래서 크로아티아에서 여행하는 사람들도 중간에 출입국을 통해 꼭 보스니아의 네움을 거쳐야만 두브로브니크에 갈 수 있다.

나는 구글 지도를 검색해서 운전하다 보니 최단 거리로 안내받아 보스니아와 크로아티아 국경의 작은 검문소로 갔다. 하지만 그곳의 직원은 "이곳은 외국인이 다닐 수 없으니 큰길에 있는 다른 검문소로 가야 한다."라고 알려 줬다. 나는 다시 돌아서 해안가에 있는 큰길을 따라갔다. 그리고 보스니아 검문소에서 여권을 제출했다. 잠시 후 다시 돌려받고 크로아티아 검문소에 도착했다. 가볍게 인사하고 여권을 제출하자 대중

보더니 그냥 돌려줬다.

나는 무언가 이상해 갓길에 차를 세우고 여권을 살펴봤다.

"어…. 이상하네? 분명 보스니아에서 나오고 크로아티아로 들어온 건데 여권에 도장을 안 찍어 주네?"

"그럼 어떻게 되는 거야?"

"글쎄, 좀 복잡한데…. 다른 것보다 우리는 자동차 문제랑 그리고 여행 기간이 길어서 다른 거(셍겐)랑 관련이 있을 건데."

다시 돌아갈 수도 없어 일단 호텔로 갔다. 나는 체크인을 마치고 직원에게 물어봤다.

"제가 보스니아에서 들어왔는데 여권에 출입국 도장을 안 찍어 주던데 괜찮은 건가요?"

"아! 네. 올 때 네움에서 오셨죠?"

"네, 네움에서 들어왔어요."

"거기는 특별한 도시예요. 그래서 여권 도장 안 찍을 거예요."

"아, 그래요? 그럼 아무튼 문제없다는 얘기네요?"

"네, 괜찮습니다."

"감사합니다."

그리고 방에 들어가서 다시 한번 인터넷으로 검색해 봤다. 요약하자면, 네움은 원래 크로아티아 도시였는데 이래저래 해서 현재는 보스니아 영토로 된 아주 작은 도시이다. 그런데 문제는 이 네움이란 도시가 크로아티아 국가를 분단시켜 놓다 보니 크로아티아 북쪽에서 자기네 영토인 두브로브니크로 가려면 항상 보스니아 땅을 지나가야 한다. 그래서 항상 여권에 도장을 찍을 수 없으니 여러 조약 등을 통해서 확인만 하고 도장을 안 찍는다는 것 같았다. 그런데 여기서 또 하나의 의문이 들었다. 크로 아티아는 2022년부터 셴겐 국가에 편입되었고, 보스니아는 셴겐 국가가 아닌데 그럼 셴겐 일수는 어떻게 계산할까?

※ **셴겐 일수**: 셴겐 가입국을 여행할 때는 출국일 기준 180일 전까지 총 셴겐 국가 체류 일수가 90일을 초과할 수 없다. 예를 들어 최근 180 일 중 스페인(셴겐) 30일, 모로코(비셴겐) 80일, 프랑스(셴겐) 60 일, 이탈리아(셴겐) 10일을 체류하면 셴겐 국가에서 100일, 비셴 겐 국가에서 80일을 체류하게 되어 불법이 되는 것이다.

급하게 한국에서 유럽 전문 여행사를 하는 친구에게 전화했다.

"병웅아! 네움에서 두브로브니크 올 때 여권 도장을 안 찍어 주던데 그 럼 셴겐 일수는 어떻게 되는 거냐?"

"그건 그 나라 호텔 영수증이나 이런 거로 증빙하면 될 거야."

"아, 그래 일단 증빙 자료만 갖고 있으면 문제없겠네."

"그래."

영수증이야 온라인으로 갖고 있으니 이제 편히 즐기기로 했다.

"태풍아, 여기 왜 이렇게 복잡한 도시냐. 아빠, 엄청 헷갈렸어."

"괜찮은 거야?"

"응, 이제 해결된 거 같아. 얼른 밥 먹자."

다음 날 우리는 우선 두브로브니크성을 내려다볼 수 있는 전망대로 올 라갔다. 올라가는 길이 가팔랐지만, 한국에서도 면봉산, 비슬산 등 해발

1,000m 고지대에서 4년 이상 근무한 경험이 있어 구불구불 가파른 길이 오히려 재미있었다.

"태풍아, 우리 흰둥이도 출세했다. 그렇지? 이렇게 한국에서 태어난 차가 두브로브니크 산꼭대기까지 올라왔네."

"히히. 그렇네. 우리 흰둥이도 여기저기 다 가 보고."

산 정상 부근에 올라가자 전망이 좋은 곳에 식당이 있었다. 나는 제일 좋은 자리에 앉아 음식을 주문했다.

▲ 두브로니크 산 전망대

"우와~ 태풍아, 여기서 먹으면 맛이 없을 수가 없겠다."

"아빠, 그런데 바다가 엄청 파래."

"그래, 엄청 파랗다. 저 아래 봐. 저기 보이는 동그란 벽이 성이야. 600년 전에 지은 거래."

"진짜? 우와~ 예쁘다."

두브로브니크성과 눈이 시리게 파란 아드리아해를 보며 먹는 음식은 꿀맛이었다. 아드리아해의 진주라는 표현은 전혀 과장된 표현이 아니었다. 아니, 오히려 과소평가된 것만 같았다.

"지상에서 진정한 천국을 보고 싶다면 두브로브니크로 가라."

조지 버나드 쇼(노벨문학상 수상, 영국)

▲ 두브로브니크 성벽, 10~15세기에 걸쳐서 만들어졌다

돼지 아빠와 원숭이 아들의 휘둥이랑 지구 한 바퀴

몬테네그로-코토르(Kotor),
천혜의 자연환경과 그렇지 못한 사람들

아름다운 도시가 눈에 밟혔지만, 아쉬움을 뒤로하고 몬테네그로로 향했다. 국경을 무사히 통과하고 몬테네그로 도로를 운전하는데 입이 다물어지질 않았다. 아드리아해에서 내륙으로 깊숙이 들어간 코토르만을 따라가는 길은 크로아티아의 경치를 금방 잊게 만드는 절경이었다. 절벽처럼 가파르고 높게 치솟은 커다란 바위산이 코토르만을 따라 쭉 병풍처럼 이어져 있었다.

"태풍아, 여기 정말 예쁘다."

"아빠, 산이 엄청나게 커."

"응, 여기는 나중에 캠핑카 타고 한 달 동안 캠핑하고 싶다."

그렇게 경치에 취해 숙소가 있는 지역에 도착했는데 주소가 정확하지 않아서 헤매다 주인에게 메시지를 보냈다. 예약 정보에 나온 주소랑 달랐고, 주인이 알려 준 주소를 다시 검색해 찾아갔지만 집을 못 찾아 또 한번 주인에게 연락했다. 그랬더니 다른 사람은 다 알아서 찾아오는데 그것도 못 찾냐는 듯 주인은 퉁명하게 기다리라고 말했다. 한참을 기다리니 주인이 와서 안내하고는 금방 돌아갔다. 그래도 다행히 숙소는 마음에 들었다. 아들과 짐을 풀고 점심을 먹으러 해안가로 갔다. 우리는 바다 바로 옆에 있는 식당으로 가서 자리에 앉았다.

▲ 풍경이 그림 같았던 코토르 해변에서

"태풍아, 아빠가 식당을 잘 찾아서 그런 건가? 여기는 식당 경치가 끝내주는데?"

"에이~ 그냥 지나가다 대충 들어온 거 같은데?"

"아냐, 다 지도 보고 찾아 놓은 거지."

"정말이야?"

"저 뒤에는 성이야. 산 위에 성이 있잖아. 그리고 이 바다는 왜 이렇게 맑아? 바닥에 물고기가 다 보여."

"아빠, 그건 그렇고 우리 이거 다 먹고 수영하자."

"수영? 날이 따뜻하긴 한데 아직 3월이라 물은 차가울 텐데."

"아냐~ 난 튼튼해서 안 차가워."

"에이~ 그때 프랑스 페르피냥에서도 안 춥다고 하고 수영하다 덜덜 떨었던 거 기억 안 나?"

아들이 제일 좋아하는 디아볼로 피자와 샐러드를 먹고 바로 옆 해변으로 갔다.

▲ 물이 아주 맑은 코토르 바다

"태풍아, 일단 손만 먼저 담가 봐."

"(움찔) 안… 차가운데?"

"에이~ 거짓말."

"오늘은 아빠랑 놀이터에서 놀다 숙소에서 쉬고 다른 도시에 가면 아빠가 따뜻한 물놀이를 할 곳 찾아볼게."

"알았어. 약속해야 해?"

"그래."

다음 날, 우리는 코토르만을 내려다볼 수 있는 전망대가 있어서 흰둥이를 타고 나갔다. 시내에서 20km 정도 떨어졌는데 해발 1,000m까지 구불구불한 산길을 가야 하는 것 같았다. 40분 정도 산길을 올라가는데 잠깐잠깐 길옆으로 보이는 경치가 근사했다. 인터넷으로 미리 검색한 곳에는 산장처럼 생긴 간이음식점이 있었는데, 그 안으로 들어가니 전망대가 있었다.

"아빠, 여기 무서울 거 같은데."

"아빠랑 손잡고 가 보자. 조금만 가면 되네."

"아빠, 저기가 우리가 있던 마을이야?"

"응, 되게 멀리 보이지? 와, 엄청 예쁘다. 여기 높이가 1,000m래."

"응, 나 무서워. 이제 가자. 나 배고파."

"저기 위에서 음식 같은 것도 파니까 아빠가 가 볼게."

들어가 보니 간이음식점이었는데 음식은 프로슈토와 바게트밖에 없다고 했다.

"그럼 프로슈토하고 커피 하나, 음료수 하나 주세요."

"엄청 맛있을 거예요. 2년 된 프로슈토예요."

코토르만을 내려다보며 야외 식탁에 앉아 바게트에 2년 된 프로슈토를 올려 먹었다.

▼ 코토르 산 전망대에서 먹은 프로슈토

"태풍아, 이렇게 먹어 봐. 이게 프로슈토라고 하는데 스페인 하몽하고 비슷한 거야."

"돼지고기 햄?"

"응. 와~ 엄청 맛있다."

"나도 줘. 냠냠. 아빠 왜 이렇게 맛있어? 진짜 맛있어."

"아빠가 아무거나 잘 먹긴 하지만, 이건 진짜 진짜 맛이 예술이다."

몬테네그로에 입국하고 검문소 직원과 마트 직원, 호텔 주인, 주차장 직원, 성당에서 만난 사람들, 내가 만나는 사람마다 너무나 불친절했다. 문화의 차이일 수 있는 '직설적'이거나 '친절하지 않은' 게 아니라 분명히 '불친절'했다. 그래서 '일반화하지는 말아야지.'라고 생각하면서도 사실 몬테네그로에 대한 인상이 좋지는 않았다. 그래서 속이 좁은 나는 더 배가 아팠다.

'신이시여! 어떻게 이런 불친절한 사람들에게 이런 자연환경을 주셨습니까?'

▲ 해발 1,000m 코토르 산 전망대에서 흰둥이와 함께

태풍이 일기

코토르에 와서 먹은 디아볼로 피자는 엄청 맛있었다. 물이 차가워서 수영을 못 해 아쉬웠지만, 그래도 놀이터에서 놀아서 재밌었다. 흰둥이를 타고 1,000m나 되는 산꼭대기의 전망대에 갔다. 아저씨들은 5시간 넘게 등산으로 오는 데라고 했다. 우리는 흰둥이가 있어서 금방 왔다. 전망대에 식당이 있어서 프로슈토를 먹었는데 엄청 맛있었다. 먹어도 질리지 않고 짭조름해서 딱 내 입맛이었다. 몬테네그로는 음식이 맛있는 나라인 거 같다.

돼지 아빠와 원숭이 아들의 흰둥이랑 지구 한 바퀴

알바니아-티라나(Tirana),
열심히 달려가고 있는 국가와 국민

우리는 코토르 숙소를 나와 알바니아의 수도 티라나로 향했다. 가는 길은 좁은 시골길이 국경까지 계속됐다. 그런데 국경을 통과해 알바니아로 들어서자 생각보다 길이 좋았고 수도에 가까워지자 꼭 한국의 도시 같은 분위기가 느껴졌다. 유럽의 다른 도시처럼 고도 제한이나 이런 건 없는 것 같았다. 도심지에 고층 건물이 많이 있었고, 또 여기저기 새로 건축 중이었다. 딱 드는 느낌이 '전통을 고수할 만한 문화재가 많이 없는 도시'이거나, 아니면 '빠른 개방을 통한 개발을 우선시'하는 것 같았다.

고층 건물이 즐비한 중심지에 있는 호텔에 체크인을 하고 아들과 스칸데르베그 광장으로 갔다. 가장 유명한 중앙 광장이라고는 하지만, 그동안 보던 광장과는 매우 달랐다. 주변 풍경은 커다란 알바니아 국기가 휘날리는 걸 빼면 그냥 한국의 중소 도시 같았다.

▲ 티라나 스칸데르베그 광장

　다음은 아들과 티라나에서 가장 유명한 관광지로 갔다. 'Tanner's Bridge'
로 지은 지 300년 된 다리라는데 가 보니 그냥 20여 m 정도 되는 작은 다리
였고, 크게 감흥을 주지는 못했다. 나는 아들과 티라나성 부근의 식당으로
갔다. 야외 식탁에 앉아서 아들과 새우구이와 버섯, 감자 요리를 먹었다. 한
창 먹고 있는데 식당에서 막아 놓은 울타리를 넘어 지나가던 꼬마가 다가
왔다. 그리고는 손가락으로 우리가 먹는 음식을 가리켰다.

　"아빠, 이거 달라는 건가 봐. 배고픈가 봐."

　아들이 또래로 보이는 꼬마에게 음식을 주려는데, 옆을 보니 또래 아
이들 무리가 모두 우리를 쳐다보고 있었다.

　"태풍아, 안 될 거 같아. 얘 주면 저 옆에 애들 우르르 몰려와서 무슨 일
생길지도 모를 거 같은데."

"그래? 불쌍한데…"

나는 안타깝지만, 식당 직원에게 도움을 요청했다. 그리고는 직원이 와서 아이를 돌려보냈다. 마음 같아선 적은 돈이라도 쥐어서 보내고 싶었지만, 나는 혹시라도 무슨 일이 생길까 걱정돼 그럴 수 없었다. 아들과 저녁을 서둘러 먹고 호텔로 돌아왔다.

"태풍아, 여기는 30년 전까지 북한 같은 공산주의 나라였다가 지금은 대한민국처럼 민주주의로 바뀌긴 했는데, 아직 어려운가 봐. 밥을 못 먹는 아이들도 많다."

"응, 아빠, 불쌍했어."

그제야, 호텔 밖으로 여기저기 30층 이상 건물을 짓고 있는 나라의 사정이 이해됐다. 그리고 구글 지도에서 검색한 거리의 사진이 몇 년 새 확 바뀌어 있어서 사연이 궁금했는데, 이제 모든 걸 이해할 수 있었다. 알바니아는 뒤늦게 민주주의를 받아들여 현재는 살림이 힘들지만, 개방과 적극적인 투자 유치를 통해 부지런히 나아가는 그런 나라였다.

힘내세요, 알바니아 국민 여러분!

▼ 여기저기 고층 빌딩을 짓고 있는 활기찬 티라나 풍경

 코소보-프리슈티나(Prishtina),
미국의 도움과 아직 해결하지 못한 과제

티라나에서 자동차로 3시간 거리인 코소보의 수도 프리슈티나로 향했다. 거리와 비교해 예상 소요 시간이 짧다는 건 길 상태가 좋다는 얘기다. 그동안 발칸 국가를 여행하며 260km 거리를 3시간여밖에 걸리지 않는 구간은 없었던 것 같다.

코소보로 가는 길은 정말로 우리나라의 고속도로처럼 좋았다. 이걸로 알바니아와 코소보의 관계를 어느 정도는 예상할 수 있었다. 코소보 시내에 도착해 신호 대기 중인데 10대로 보이는 남자가 걸레를 들고 다니며 차량 유리창을 닦고 있다. 돈벌이를 하는 거로 보여 이걸로 또 한 번 직감했다. 코소보가 아직 미승인 국가라고는 알고 있었는데, 생각보다도 경제가 몹시 어려운 것 같았다. 숙소에 도착해 거리를 걷다 시장이 보여 안으로 들어가 봤다. 큰길의 입구 부근은 그냥 평범한 재래시장 같았는데 안으로 깊이 들어가 보니 입던 옷과 신발, 심지어 아이들 장난감도 중고로 팔고 있었다.

▲ 중고 제품을 많이 파는 프리슈티나 시장

"태풍아, 여기가 코소보라는 작은 나라인데 여기도 많이 어려운 나라인가 봐. 이렇게 입던 옷이랑 신발 그리고 장난감도 쓰던 걸 팔고 사고 하나 봐."

"장난감도? 내 것도 갖다 팔까?"

"한국에 있는데 어떻게 팔아?"

"아, 그렇지. 그런데 이걸 누가 살까?"

"그러게. 그런데 다 중고 제품을 많이 파네."

시장을 나와 중심지로 갔다.

"태풍아, 저기 아이스크림 먹을까?"

"응, 딸기 아이스크림."

"와~ 태풍아, 아이스크림이 천 원밖에 안 해."

"천 원? 제일 싸네? 와~ 좋다."

그렇게 싼 물가에 좋아하며 저녁은 오랜만에 일식집에 가서 회와 초밥을 먹고 호텔로 돌아왔다.

다음 날 아침 호텔에서 조식을 먹는데 옆자리에 앉은 할아버지가 말하는 걸 들어 보니, 미국인인데 자기 차로 여기까지 여행을 왔다고 했다. 나는 반가워서 말을 걸었다.

"안녕하세요. 저는 한국인이고 아들과 한국 차로 여기까지 여행왔습니다."

"안녕하세요. 저도 미국 시애틀에서 미국 차로 여행 중입니다."

이런저런 얘기를 해 보니 코소보가 예전에 세르비아로부터 독립할 때 많은 도움을 받아 미국과 미국인에게 우호적이고 또 물가도 싸서 코소보에는 미국인이 여행을 많이 온다고 했다.

나는 이렇게 어려운 나라에 관광객도 많이 없을 것 같은데 가끔 보이는 고급 식당은 누굴 위한 건가 궁금했는데 이제야 궁금증이 풀렸다.

나는 1999년 세르비아와 코소보 전쟁 때 미국의 참전을 결정했던 '빌 클린턴' 대통령의 동상이 있는 곳으로 갔다.

동상은 도시 입구의 눈에 띄는 대로변에 있었다. 심지어, 그 앞의 대로 이름은 '빌 클린턴'대로였다. 우리나라로 따지면, 광화문 앞 이순신 장군과 세종대로 같은 위치였다. 그걸로 여기 코소보에서의 미국과 미국인에 대한 위상은 더는 설명을 들을 필요가 없을 것 같았다.

미국이 코소보를 위기에서 구해 준 고마운 나라인 건 충분히 알겠지만 그래서 또 한편으론 걱정되었다. 코소보 전쟁이 끝난 지 20여 년이 지난 아직도 UN 회원 193개국 중 코소보의 독립을 인정하지 않고 있는 92개국은 바로 대부분 미국의 반대편에 서 있는 나라이기 때문이다.

'인류는 언제쯤 좌우와 흑백으로 나뉘지 않고 다 같이 섞여서 행복하게 살 수 있을까?' 이 질문은 특히 코소보가 시급히 해결해야 할 숙제처럼 느껴졌다.

▲ 도시 입구 목 좋은 곳에 서 있던 빌 클린턴 동상

거리 이름이 '빌 클린턴'인 대로 ▲

7 5

  북마케도니아-스코페(Skophe),
노출 사고로 TV에 나올 뻔한 일

코소보에 있는 동안 기념품으로 자석을 사려 했는데 파는 곳을 못 찾았다. 그래서 오늘 '북마케도니아로 이동하기 전에 꼭 사야겠다.'라고 생각하고 사람이 많은 거리로 나갔다. 30분을 구석구석 돌아다닌 끝에 간신히 사긴 샀는데, 품질이 좋지 않았다. 하긴 코소보에 이런 기념품을 사러 올 관광객이 많지 않을 것 같았다. 나는 자동차로 1시간 거리인 북마케도니아의 수도 스코페로 향했다. 검문소를 통과하고 바로 앞에 있는 사무소에서 자동차 보험에 가입했는데 15일짜리가 우리 돈 7만 원이나 했다. 그동안 유럽을 다니면서 가입한 보험 중 가장 비싼 금액이었다.

▶ 북마케도니아
국경 보험 사무소

다시 출발해 스코페 중심지에 거의 다 도착했을 때였다. 이제 곧 시내에 다 와 가는데 길 상태가 우리나라 시골에서도 한참 산골로 들어가야 볼 수 있을 만한 상태의 포장한 지 꽤 오래된 도로가 깔려 있었다. 북마케도니아의 경제 상황을 알 수 있을 것 같았다. '가장 큰 수도가 이 정도인데 시골은 더 하겠지.' 하고 생각하며 호텔로 향했다. 호텔은 오스만 제국 때부터 이어진 재래시장 바로 옆에 있었다.

▲ 호텔 건물 바로 옆에 붙어 있던 오스만 제국 때 만든 재래시장

"태풍아, 여기가 우리 사라예보에서 갔던 시장 있잖아. 그거랑 비슷한 시장이야. 옛날엔 다 튀르키예 땅이었대."

"아빠, 여긴 왜 이렇게 보석 파는 데가 많아? 여기는 부자들만 오나 봐."

"그러게. 전부 다 금 파는 곳이네."

알고 보니 북마케도니아는 세공비가 저렴해 여행을 오는 사람들이 금 제품을 많이 사 간다고 했다.

점심을 먹으러 190년 전통을 가진 유명한 집이 있어 들렀다. 이름은
〈올드하우스(오래된 집)〉였는데, 분위기도 그렇고 정말 입맛에 딱 맞는 맛
집이었다. 아들과 식당을 나와 스코페를 가로지르는 바르다르강을 따라
걸었다. 외곽에서 들어올 때 길 상태를 보고 경제가 많이 안 좋을 거로 생
각했는데 시내는 생각보다 깔끔했고 볼거리가 많았다.

▲ 화려하고 깔끔한 마케도니아 광장

바르다르강 위로 놓인 다리는 화려했고, 거리마다 커다란 조각상들이
아주 많았다. 조금 걷다 보니 마케도니아 광장이 나왔는데 광장 중앙뿐
만 아니라 곳곳에 말을 탄 장군과 동물 조각상들이 세워져 있었고, 다른
도시의 중앙 광장보다도 화려하다는 느낌이 들었다. 우리는 조금 더 걸
어서 마더 테레사 기념관으로 갔다.

"태풍아, 마더 테레사가 누군지 알아?"

"어…. 그…. 불쌍한 사람 도와준 사람!"

▲ 마더 테레사 기념관

"그래, 우리 성당 많이 가봤잖아. 그 성당에서 일하는 사람 중에 신부님도 있고, 수녀님이라고 계시는데 어려운 사람을 엄청 많이 도와주신 훌륭한 수녀님이 계셔. 그분 이름이 테레사 수녀님인데 여기 북마케도니아가 고향이래."

"돌아가셨어?"

"응, 돌아가신 지 오래되셨지."

우리는 3층에 올라가 마더 테레사 예배당에서 묵념을 하고 나왔다.

"태풍아, 우리 호텔에서 스파 하자"

"스파가 뭐야?"

"아, 욕조에서 따뜻한 물 받아 놓고 쉬자고."

"응, 좋아."

몬테네그로 코토르에서 수영을 못 하게 한 게 미안해 큰 욕조가 있는 호텔로 예약을 했었다. 호텔로 돌아가 욕조에 따뜻한 물을 받아 놓고 아들의 머리를 잘랐다.

"다 잘랐다. 동글동글하니 예쁘네. 샤워만 하고 들어가."

"아이고~ 따뜻하고 좋다."

"그렇게 좋아?"

"응, 그런데 아빠! 우리 이 앞에 커튼 치고 밖을 보면서 할까?"

"아, 블라인드? 이게 밖에서 안 보이는 창문인가 모르겠네. 안 보이는 거겠지? 올리고 할까? 이 앞에 시장 야경 보면서?"

"응, 그러자."

잠깐 고민 후,

"음…. 그래도 혹시 보이면 안 되잖아. 그냥 닫고 하자."

따뜻한 물에 피로를 풀고, 아들이 호텔에서 쉬는 동안 나는 바로 앞 시장으로 양고기와 샐러드를 사러 나갔다. 시장 입구에 들어서자 오른쪽이 유난히 밝아 고개를 돌렸다. 시장 입구 바로 오른편에 우리 호텔이 있었고, 그중 2층의 우리 방만 등대처럼 환하게 시장을 밝히고 있었다. 그리고 그 밝은 방 바로 옆의 욕실은 밖에서도 내려진 블라인드의 상표까지 알아볼 수 있을 만큼 유리창이 맑고 깨끗했다.

'아, 큰일 날 뻔했네~' 나는 안도의 한숨을 쉬었다.

태풍아, 우리 북마케도니아 TV에 나올 뻔했다.

 불가리아-소피아(Sofia),
물에만 들어가면 즐거운 아들과 아빠의 걱정

북마케도니아에서 출국해 불가리아 검문소에 도착했다. 여권과 차량 서류를 주고 한참을 기다렸는데 소식이 없었다. 고개를 빼꼼히 내밀고 보니 심사 직원은 우리 차량 서류를 돋보기로 봤다가 뒤집어 봤다가 계속 무언가를 확인하며 다른 직원과 얘기하고 있었다.

사실 여행 전부터 우리나라의 영문 차량 등록증에 대한 얘기를 많이 들었다. 우리나라 차량 등록증은 그래도 두꺼운 종이에 지자체장 직인이 찍혀 있어 별말이 없지만, 국외에서 필요한 영문 등록증은 지자체별로 알아서 서식을 만들어 컴퓨터에서 인쇄해서 주다 보니, 내가 보기에도 위조문서처럼 보이는 게 사실이었다. 직인도 우리나라는 컴퓨터에서 그대로 인쇄해서 써도 익숙하지만, 외국에서는 도장도 위조된 거 아니냐는 질문을 많이 받았다. 나는 차에서 내려 검문소 직원에게 다가갔다.

"이게 한국에서 쓰는 원본이고요. 한국은 차량을 갖고 외국에 나가는 사람이 거의 없어서, 이렇게 컴퓨터로 작성해서 정부에서 확인해 주는 겁니다. 그래서 이런 종이에 인쇄돼 있어요."

자세히 설명하고 우리가 한국에서 그동안 여행하며 온 자료들을 쭉 보여 줬다. 그랬더니 개운치 못한 표정을 지은 채 통과시켜 줬다. 바로 소피아 호텔에 도착해 짐을 풀었다. 소피아는 유럽에서 가장 오래된 수도이다. 과거 로마 시절부터 오스만 제국과 러시아의 영향을 받은 도시답게 교회와 사원 등 볼만한 건축물들이 많았다. 우리는 소피아의 상징인 알렉산드르 넵스키 대성당으로 갔다.

▲ 알렉산더 네프스키 대성당 외부

▲ 대성당 내부

19세기 말 불가리아의 독립을 위한 투르크와의 전쟁에서 싸우다 죽은 러시아 군인들을 위한 성당으로 크기뿐만 아니라 내부의 장식도 아주 화려했다. 마치 온몸에 문신을 한 사람처럼 내부 벽과 천장은 빼곡히 그림이 그려져 있었다. 다음은 중심지인 비토샤 거리 주변에 있는 성당과 사원을 둘러보다 흰둥이를 타고 소피아에서 멀지 않은 공중목욕탕으로 갔다.

▲ 소피아 근처의 공공 광천목욕탕

　이름은 〈Central Mineral Bath in Bankya(반캬 중앙 광천 목욕탕)〉으로 110년 전에 지어진 건물을 리모델링해서 최근에 다시 개장한 곳이었다. 건물 외관이 일반 목욕탕으로 쓰기에는 아까울 정도로 아름다웠다.

　"태풍아, 여기가 불가리아 전통 목욕탕이래. 가 보자."

　"아빠, 신난다."

　탈의실에서 옷을 수영복으로 갈아입고 안으로 들어갔다. 1층에 큰 탕이 있고, 곳곳에 작은 탕이 종류별로 있었다. 우리는 먼저 중앙에 있는 큰 탕으로 갔다.

　"아빠, 따뜻해~ 너무 좋다."

　"아유, 그렇게 좋아?"

　"아~ (꼬르륵)"

　"아유, 뱉어. 여기 물 먹으면 안 돼. 아무리 좋아도 물에 있을 땐 입을 다물어야지."

"퉤퉤. 응. 그래도 좋은 걸 어떡해."

아들은 어린이집에 다닐 때부터 스마일 맨으로 불릴 만큼 항상 웃음이 많고 즐거운 아이였다. 그래서 나는 항상 걱정거리가 하나 있었다. 바로 이렇게 수영장이나 목욕탕에만 가면 좋다고 활짝 웃으며 입을 벌리고 다니다 물이란 물은 다 먹고 다녀 걱정이었다.

"태풍아, 수영할 때랑 물놀이를 할 때는 입을 다물고 해야 한다니까."

"알았어, 아빠, 아~ (꼬르륵)"

"또 또, 네가 소피아 목욕탕 물 다 먹겠어."

배탈이 날까 걱정됐지만, 그래도 오랜만에 아들의 찐으로 행복한 표정을 보고 나도 돼지 아빠가 되어 원숭이 아들과 목욕탕에서 재밌게 놀았다.

▲ 목욕탕 내부

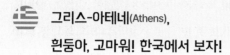 그리스-아테네(Athens),
흰둥아, 고마워! 한국에서 보자!

  오늘은 유럽 여행의 마지막 나라 그리스로 가는 날이다. 아테네로 가기 전 중간에 메테오라에서 하루 쉬었다 가기로 하고 아침 일찍 소피아에서 출발했다. 소피아에서 3시간 만에 도착한 국경은 입국 차량이 길게 대기하고 있었다. 검문소에서 1시간 정도 걸려 드디어 그리스에 들어왔다. 그리고 3시간을 더 달려 저녁 무렵에서야 메테오라 호텔에 도착했다.

  "아빠, 저기 돌 좀 봐. 엄청 커. 신기해."

  "그래, 여기는 저런 큰 바위산 위에 집이랑 교회 같은 건물이 있는 도시야."

  호텔은 메테오라 중심지에서 몇 km 떨어져 있었지만, 그래서 바위산이 파노라마처럼 더 잘 보이고 경치가 아름다웠다. 체크인을 하고 아들과 바위산 아랫마을로 가서 양갈비와 그리스 전통 소시지 요리를 먹었다. 그리스의 양갈비 요리는 정말 한 손으로는 부족한 양손 엄지척을 받을 만한 맛이었다.

  "아빠, 양고기 엄청 맛있어. 엄청 부드러워."

  "어디 먹어 보자. 진짜네. 엄청 부드럽네~ 진짜 맛있다."

다음 날, 우리는 바위산 위의 수도원을 보러 갔다. 가까이 다가가니 바위가 20층짜리 아파트보다 더 커 보였다.

구불구불 산길을 올라가며 옆으로 보이는 풍경은 마치 지구가 아닌 것 같았다. 몇 번을 갓길에 주차하고 풍경을 보며 올라갔다. 그리고 전망대에 차를 주차하고 수도원이 잘 보이는 곳으로 올라갔다.

▲ 지구 같지 않은 풍경의 메테오라

▲ 바위 꼭대기의 수도원과 흰둥이

"아빠, 여기 엄청 높아. 무서워."

"아빠가 손잡고 갈게. 천천히 가 보자."

"와~ 저 높은 바위 꼭대기에 집이 있네?"

"저게 수도원이라는 거야. 저기에 사람이 산대. 대단하지?"

"와~ 진짜 신기해, 아빠."

"우리 여기서 사진 찍고 점심 먹자."

그렇게 현실 같지 않은 풍경을 보며 아들과 샌드위치를 먹었다. 우리는 잊을 수 없는 점심을 먹고 4시간을 달려 저녁 무렵 아테네에 도착했다.

"태풍아, 우리 흰둥이 잘했다고 얘기해 주자. 우리 이제부터는 흰둥이 없이 여행할 거야. 흰둥이는 오늘이 마지막이야."

"그렇네. 흰둥아, 수고했어! 고마워."

이제 우리는 흰둥이를 아테네의 차량 탁송 업체에 선적을 맡기고 비행기로 여행하기로 했다. 그래서 함께 여행하는 건 오늘이 마지막이었다. 나는 순간 감정이 북받쳐 올랐다. 아들은 이해하지 못하겠지만, 나는 너무나 고마웠다. 36,800km를 주행하면서 잔고장 한번 나지 않고 바퀴에 바람 한번 빠지지 않아 안전하게 여행할 수 있었다. 가슴속으로 깊이 고마워하며 아들과 축하(?) 파티를 하러 갔다.

"오늘 우리 파티하자."

"파티?"

"응, 따라와."

아들과 미리 알아둔 한국 식당으로 가서 아들이 좋아하는 냉면과 제육볶음, 그리고 나는 김치찌개와 소주, 맥주를 시켰다. 역시나 아들은 냉면을 보고는 함박웃음을 지었다.

"태풍아, 아빠가 그동안 얘기는 안 했지만 사실 속으로는 엄청 걱정했었거든."

"그래? 왜?"

"시베리아처럼 아무도 없거나 위험한 데서 흰둥이가 고장 나거나 사고 나거나 하면 위험하잖아. 그래서 '나는 무슨 일이 있어도 안전하게 마지막까지 가야 한다.'라는 부담이 있었단 말이야."

"그랬어? 언제부터?"

"여행 처음 출발할 때부터 사실 계속 마음 졸이며 왔지. 그런데 오늘부터는 사실 이제 걱정이 별로 안 돼. 왜냐면 아빠가 운전할 일도 없고 이제는 비행기랑 택시랑 버스랑 이런 거 타면서 여행할 거니까. 혹시나 아빠가 쓰러져도 사고 나거나 할 일이 없잖아. 그래서 아빠도 오늘 시원섭섭하고 흰둥이한테 정말 고맙고 그래."

"그럼, 우리 오늘은 '흰둥이를 위하여'라고 건배할까?"

"그래, 그거 좋다. 잠깐만! 오늘은 아빠도 소맥 한잔 먹어야겠다. 잠깐만."

"하나, 둘, 셋! 흰둥이를 위하여!"

"위하여!"

▲ 아주 오랜만에 먹은 냉면

나는 평소 건강은 자신이 있었지만, 한국에서 출발할 때부터 혹시나 '내가 운전하다 쓰러지거나, 차가 외진 곳에서 고장 나거나, 사고가 나면 어쩌지?' 하는 걱정이 있었다. 그리고 원래는 차를 운전해서 러시아로 다시 들어가 블라디보스토크에서 동해로 가져갈 생각이었지만, 전쟁도 그렇고 러시아에서 여행을 하는 게 나와 아들 모두에게 힘들 것 같았다. 그래서 급하게 차를 유럽에서 한국으로 보낼 곳을 찾다 자동차 여행의 마지막 종점을 아테네로 선택했었다.

그렇게 목적지를 결정한 뒤로는 '무조건 아테네까지는 무슨 일이 있어도 안전하게 도착한다.'라는 마음가짐으로 이곳까지 달려왔다. 그런데 목표를 이루고 나니 시원섭섭한 마음과 함께 흰둥이가 너무나 고맙게 느껴졌다. 나는 정말 홀가분한 마음으로 아들과 한식을 맛있게 먹을 수 있었다.

다음 날, 나는 아들과 택시를 타고 올림픽 경기장으로 갔다. 그리고 아들을 한국에서 준비해 온 태권도복으로 갈아입혔다.

"태풍아, 이거 도복 입자."

"도복? 왜? 창피한데."

"이거 도복 입고 '고려' 품새 멋지게 하면 아빠가 선물 줄게."

"선물? 뭐? 진짜지?"

아들은 선물 얘기에 도복으로 갈아입고 검은 띠를 맨 채 한쪽에서 품새 연습을 했다. 나는 사실 작년에 아들의 태권도 1품 심사 일정 때문에 여행 출발 일자를 뒤로 늦췄었다. 하필 여행 출발을 계획한 주에 태권도 1품 심사가 있다고 해서 여행 출발까지 늦춰 가며 어렵게 딴 검은 띠였다. 사실 더 많은 곳에서 태권도복을 입고 품새를 하게 하고 싶었지만, 여행을 하며 여러 사정상 할 수 없었다. 하지만, 유럽 여행의 마지막이자 제1회 올림픽이 열린 아테네에서는 꼭 도복을 입혀 아들의 멋진 모습을 영상으로 찍어 주고 싶었다.

"태풍아, 이제 연습 다 했어?"

"아직 조금 헷갈리는데…. 나 여행하면서 다 까먹은 거 같은데."

"시간 조금 더 줄까?"

"아니, 할 수 있을 거 같아."

그리고 아들은 경기장의 올림픽 깃발 아래에서 품새를 시작했다.

"어잇!"

"쉬어!"

"짝짝짝짝짝!"

옆에서 지켜보던 사람들이 환호해 줬다. 아들도 표정을 보니 입꼬리가 올라가 있었다. 나는 곧 카메라를 들고 아들과 경기장을 달렸다.

"이제 달리기 시합이야."

"아빠, 같이 가. 먼저 출발하면 어떡해."

그렇게 아들과 경기장을 한 바퀴 돌며 마지막 결승선 앞에서 속도를 늦췄다. 그러자 지쳐서 뒤에 처져 있던 아들이 쌩하며 내 앞으로 치고 나갔다.

"원숭이는 먼저 갑니다요!"

"아잇, 분하다. 돼지가 1등 할 수 있었는데."

결승점에 들어와서 나는 가방에 있던 태극기를 꺼냈다. 그리고 결승선 옆에 놓여 있던 시상대의 2등 단상에 올라갔다. 그러자 구경하던 사람들이 환호하기 시작했다. 그리고 나는 아들을 불렀다.

"태풍아, 여기 올라와."

"나도? 거기 올라가?"

"여기 올라와. 네가 1등 했잖아."

아들이 1등 단상으로 올라오자 지켜보던 사람들은 더 큰 환호를 보내 줬고, 나는 아들과 함께 준비해 온 태극기를 힘차게 휘날렸다.

▲ 아테네 올림픽 경기장에서 휘날린 태극기

　다음 날 나는 흰둥이에 실린 짐을 모두 정리하고 아들과 차량 탁송 업체 사무실로 갔다. 미리 필요한 서류는 한국 업체를 통해 모두 제출한 상태였고, 현장에서는 원본과 차량 확인 후 그리스 세관에 제출할 서류를 요구했다. 세관에 제출할 서류에 내용을 작성한 후 그리스의 공증 업체에 가서 확인 도장을 받아야 한다고 했다. 우리는 업체에서 알려 준 서류 공증 사무소로 갔다. 문을 열고 들어가 영어로 물어보니 영어를 하는 사람이 한 명도 없었다. 급히 번역기를 켜고 물으니, 대뜸 소리를 지르며 "Police(경

▲ 흰둥이 보내기 전 마지막 짐 정리

찰!"만 외쳐 댔다. 그래서 다시 번역기로 말했다.

"나는 한국에서 여행 온 사람이고 한국 차를 아테네에서 한국으로 보내려고 한다. 세관에 제출할 서류에 여기에서 확인 도장을 받아 오라고 했다."

하지만, 사무실 사람들은 모두 번역기는 들을 생각도 안 하고 그냥 경찰서로 가라고 소리를 질러 댔다. 그래서 혹시 정말 경찰서에 가서 해결해야 하나 싶어 경찰서에 찾아가니, 경찰관들은 "우리가 할 수 있는 일이 없고, 이 일은 공증사무소 업무가 맞다."라고 다시 알려 줬다. 그래서 공증 사무소가 공공 기관이냐 물으니 사설 사무소라고 했다. 그러면 아테네에 여러 곳이 있느냐 물으니 다른 곳을 알려 줬고 결국 다른 공증 사무소에 가서 확인 도장을 받을 수 있었다.

도장을 받고 다시 차량 탁송 업체로 돌아왔다. 이제는 정말 흰둥이와 작별할 시간이 됐다. 나는 그간 바빠서 못했던 세차를 마지막으로 해 줬다.

"태풍아, 이제 작별 인사하자. 진짜 흰둥이랑 마지막이야."

"흑흑. 흰둥아, 고생했어. 고마워."

"흰둥아, 고생했다! 이제 푹 쉬다 한국에 가서 보자."

나는 마지막 인사를 하며 울컥 눈물이 나왔다. 그리고 인생을 40년 넘게 살며 새로운 사실 하나를 깨달았다. 동물이 아닌 사물일지라도 사랑으로 대하면 사랑으로 보답한다는 사실을.

흰둥아, 고마워! 너는 최고의 자동차야!

▲ 흰둥이 한국에 보내기 전 마지막 단체 사진

태풍이 일기

아빠랑 아테네에 있는 한식당에 갔다. 아빠는 내가 먹고 싶었던 냉면이랑 돼지불고기를 시켜 주셨다. 꿀맛이었다. 흰둥이를 위해 건배도 했다. 다음 날은 올림픽 경기장에 갔다. 아빠가 갖고 온 도복으로 갈아입고 '고려' 품새를 했다. 처음에는 조금 창피했는데 사람들이 소리쳐 응원해 주니 좋았다. 끝나고 아빠랑 달리기 시합을 했다. 한 바퀴를 다 돌았는데 힘들었다. 그래도 포기하지 않고 달려서 아빠를 이겼다. 결승선 옆에 있는 시상대에 올라갔다. 아빠는 2등이고 나는 제일 높은 1등 자리에 올라갔다. 아빠랑 태극기를 휘날리니까 구경하던 사람들이 손뼉을 쳐 줬다. 너무 재밌었다. 이제 흰둥이에 타서 여행하는 게 아니라 아빠랑 비행기랑 버스 타고 여행한다고 하니 힘들 거 같기도 하고 걱정이다. 그동안 흰둥이가 있어서 편하게 여행했던 거 같다. 고마워, 흰둥아!

Part 12

 이집트-카이로(Cairo),

아! 잃어버린 4천 년

흰둥이를 보낼 때 안에 싣고 있던 짐을 꺼내 필요하지 않은 짐은 모두 버리고 꼭 필요한 짐만 챙겼는데도 이민 가방 2개 분량이 남았다. 이제부터는 양손에 이민 가방을 끌고 등에는 배낭을, 앞으로는 작은 카메라 가방을 메고, 아들과 이동해야 한다.

▶ 흰둥이에서
정리한 짐

아테네 공항에 도착해 짐을 싣고 아들과 점심을 간단히 먹었다. 아프리카는 작년에 모로코 경험이 있어 크게 걱정하지 않고 카이로행 비행기에 탔다. 3시간 만에 카이로 공항에 도착해 짐을 찾고 나오는데 마지막 세관에서 직원이 사무적으로 질문했다.

"짐 안에 드론이 있나요?"

"네, 하나 있는데요."

"이쪽으로 따라오세요."

나는 이때까지만 해도 이집트는 드론을 가져오면 중범죄자 취급을 받는지 전혀 모르고 있었다. 한쪽으로 세관 직원을 따라가자 짐을 풀어 검사받는 사람들이 모여 있었다. 나는 10분 정도 기다리다 왜 우리 짐은 바로 풀어 검사하지 않느냐고 물으니, 나는 한 시간 정도 기다리면 경찰이 와서 직접 조사할 거라고 기다리라고 했다. 그렇게 1시간 30분 정도를 아무런 설명도 듣지 못한 채 아들과 의자에 앉아 기다렸다. 그리고 경찰복을 입은 사람이 오더니 내 드론 가방을 열었다. 그리고는 드론을 하나하나 뜯어보며 돋보기로 살펴봤다. 그리고는 나보고 따라오라고 말했다.

나는 지금 어린 아들과 함께 있는데 같이 가도 되냐 물으니 혼자 와도 된다며 빨리 오라고 보챘다. 나는 불안했지만, 세관의 여자 직원이 자기가 여기 같이 있으니 걱정하지 말라고 말해 혼자 경찰관을 따라갔다. 그 경찰관은 영어를 한마디도 하지 못해 서로 아무 말도 하지 않은 채 공항 내 경찰서 같은 곳으로 갔다. 그곳은 복도 양쪽으로 방이 10개씩 있고, 복도에는 소파가 여러 개 놓여 있었다. 그리고 그 소파에는 검은 양복을 입은 짧은 머리의 청년들이 앉아서 담배를 피워 대고 있어 뿌연 담배 연기가 짙게 끼어 있었다.

'아, 여기는 그냥 공항에서 담배를 피우는 나라구나.'

담배 연기를 싫어하지만 어쩔 수 없이 한쪽 소파에 앉아 기다렸다. 한참 기다리다 나를 인솔한 경찰이 방문 앞에서 경례하고 들어갔다. 잠시 뒤 서류 한 장을 들고 나오더니 나 보고 따라오라고 말했다. 다시 인솔자를 따라가니 한참 걸어서 또 다른 사무실로 갔다. 그곳은 복도와 방이 모두 어두운 공간이었고, 거기서도 복도에 앉아 한동안 대기하다 방에 들어갔다. 방안에는 대낮인데도 어두운 조명 하나만 켜 놓은 채 40대로 보이는 남자가 의자에 앉아 있었다. 분위기를 보아하니 처음에 들른 곳은 사건 접수를 하는 공항 경찰서 정도 되는 것 같았고, 이 남자는 정보경찰관이나 국정원의 간부 직원쯤 돼 보이는 것 같았다. 무게를 한껏 잡은 남자가 거만한 자세로 나를 취조하기 시작했다.

"국적은?"

"대한민국입니다."

"이집트에 뭐 하러 왔습니까?"

"여행하러 왔습니다."

"혼자 왔습니까?"

"아들과 둘이 왔습니다."

일일이 내 신상에 대한 질문이 이어졌다.

"직업은?"

"대한민국 공무원입니다."

"공무원? 무슨 공무원입니까?"

"대한민국 국가 기관에서 근무하고 환경부 공무원입니다."

같은 공무원이라고 조금은 통한 걸까? 그제야 남자의 눈빛이 조금 부드러워진 걸 느낄 수 있었다. 나는 '작은 틈새'를 눈치채고 묻지 않았지만 나에 관해 설명을 시작했다.

"저는 한국 공무원인데 휴직하고 아들과 세계 여행 중입니다. 한국에서 자동차로 여행하다 그리스 아테네에서 차를 한국으로 보내 이집트부터는 차 없이 여행 중입니다. 그런데 차에 실려 있던 드론을 가져오게 되었고, 이집트는 드론을 가져오면 안 되는지 알지 못했습니다."

남자가 알겠다는 눈짓을 하자 나는 마지막으로 한마디를 더 했다.

"아테네에서 여기까지 이집트 국적기를 타고 왔는데 짐을 실을 때 이집트는 드론을 가져오면 안 된다는 설명을 듣지 못했습니다. 어떤 문구도 보지 못했습니다."

그러자 알았다며 질문을 멈춘 채 종이에 무언가 쓰기 시작했다. 그렇게 A4 크기쯤 돼 보이는 종이에 두 장이나 무언가 손으로 쓰더니 마지막에 서명하라고 했다. 손으로 쓴 글자라 어차피 번역도 안 될 게 뻔해 어쩔 수 없이 서명하고 다시 인솔자를 따라서 나갔다. 그리고는 인솔자를 따라 비슷한 사무실에 2번이나 더 들러 조사를 받았다. 그러자 인솔자가 말했다.

"Finish(끝났다)."

나도 안심하며 따라가는데 그 인솔자는 출발했던 장소가 아닌 반대 방향으로 나를 데려갔다. 그러더니 여권 검사 장소를 지나 점점 출국 비행기를 타는 쪽으로 걸어갔다. 갑자기 당황했지만, 최대한 침착하게 번역기를 통해 물어봤다.

"혹시 지금 어디 가는 건가요?"

나는 혹시라도 조사가 끝나고 강제 출국 조치를 하는 상황인가 생각돼 심장이 터질 것만 같았다. '이런 나라는 여행 안 해도 되고 강제 출국을 당해도 괜찮다. 하지만 지금 나는 10살 아들이 혼자 밖에 남아 있는데 설마 이대로 나를 강제 출국을 시키려는 건가?' 이런 생각이 들어 인솔자에게 물었더니, 피식 웃으면서 답도 하지 않고는 다시 반대 방향으로 돌려서 나를 출발 장소로 데려갔다.

눈치를 보니 강제 출국을 하는 거로 장난을 치려 한 것 같아 나는 화가 치밀어 올랐다. '이런 ×××, 어린 아들이 밖에 혼자 남아 있는 사람한테 이게 장난칠 거리냐?' 참지 못할 만큼 화가 치밀어 올랐지만, 아들을 위해 입술을 꽉 깨물고 참았다. 그렇게 약 4시간 만에 드론을 제외한 짐을 모두 찾아 아들과 함께 호텔에 올 수 있었다. 마음 같아서는 여행이고 뭐고 바로 다음 날 출국하고 싶은 마음뿐이었지만, 꾹 참을 수밖에 없었다.

▲ 울고만 싶었던 카이로 도착 첫날 풍경

다음 날, 아들과 피라미드를 보러 가는데 첫날 겪은 상황을 생각하니 대중교통을 이용하면 고생할 게 훤히 보여 비싸더라도 호텔에서 운영하는 택시를 이용해 가기로 했다. 택시를 타고 카이로 시내에서 조금 벗어난 곳에 있는 기자 피라미드 앞에 도착했다.

▲ 마차를 타고 보는 피라미드 풍경

거대한 피라미드를 보는 순간 어제의 설움이 모두 잊혔다. 눈으로 직접 본 피라미드는 정말로 거대했고, 마치 컴퓨터 그래픽으로 만든 것 같았다.

'아~ 피라미드!'

그리스와 로마의 유적도 대단하고 에펠탑과 성 가족 대성당도 아름다 웠지만, 내가 본 피라미드는 지금껏 모든 인간이 만든 유물 중에서는 으뜸이었다.

▲ 피라미드 앞에서

▲ 피라미드를 지키는 스핑크스

▲ 피라미드보다 호텔 수영장에서 더 즐거운 아들

아들과 피라미드 주변을 낙타와 조랑말을 타고 둘러보고 호텔로 돌아
왔다. 사실 이집트에는 볼만한 유물이 넘쳐 나는 걸 알았지만, 여기저기
돌아다닐 생각을 할 수가 없었다. 길거리를 다니면 만나는 사람마다 '1달
러'를 요구했고, 호객 행위가 넘쳐 났다. 그리고 도시의 중심지인데도 길
거리는 횡단보도와 신호등을 찾아볼 수 없었을뿐더러 길에는 차선 하나
그려져 있지 않아 모든 자동차가 난폭 운전을 일삼았다.

그래서 나는 '피라미드와 박물관 딱 2곳만 보고 나머지는 호텔 수영장
에서 아들과 놀자.'라고 생각했다. 피라미드만 보고 호텔로 돌아와 수영
장에서 아들과 재밌게 놀고 다음 날은 박물관으로 갔다. 입구에는 단체
관광을 온 사람들이 아주 많았고 한참 대기한 끝에 입장했다. 입구에 들
어가자마자 나는 경악을 금치 못했다. 멀리서 봐도 대단해 보이는 유물
이 박물관 통로에 방치되다시피 쌓여 있었기 때문이다. 가까이 가서 살
펴보자 대부분 3천 년 이상 된 유물이었는데 유리 보호막조차 되어 있지

앉아서 관람객들이 손으로 만져 보고 사진을 찍고 다녔다.

▶ 이집트 박물관
12만 개의 유물이 있다

2층으로 올라가자 미라 전시관은 경악을 넘어 기절초풍할 지경이었다. 중요해 보이는 몇몇 개를 제외하고는 그냥 대형 마트에 진열된 라면 상자처럼 쌓아 놓고 있었다. 반만년의 역사를 가진 우리나라는 고작(?) 천 년 안팎의 유물인 석가탑이나 원각사지 10층 석탑도 국보나 보물로 지정하고 작은 유물 하나하나 얼마나 소중하게 다루는데 이곳은 박물관 한쪽에 그냥 쌓아 두고 보관하다니 놀라지 않을 수가 없었다.

▲ 유물은 대부분 손으로 만져 볼 수 있었다

이집트의 박물관은 적어도 금이라도 두르거나 하지 않은 유물이면 보호관조차 씌워 놓지 않았다. 가면과 관이 전체 황금으로 제작된 투탕카멘 유물은 지금으로부터 3,300년 전에 만들어졌음에도 아주 화려하고 정교했다. 나는 국사와 세계사에 관심이 많지만, 신석기 후반이나 청동기 초반 연대인 4,000~3,000년 전에 만든 유물은 빗살무늬토기나 민무늬토기 정도만 생각했었다. 그런데 같은 시기 고대 이집트는 이렇게 화려하고 정교할 뿐만 아니라 그 양도 차고 넘칠 정도로 찬란했던 문화를 가졌었다는 걸 보고 나는 이런 의문을 갖게 되었다.

'과연 지난 4천 년 사이에 이집트에는 무슨 일이 있었던 걸까?'

▲ 금 정도는 있어야 유리로 가려놓는다

▲ 어린이 미라

태풍이 일기

이집트 공항에 도착했는데 드론을 가져오면 안 된다고 경찰관이 아빠를 데려갔다. 한참을 기다려도 안 와서 무서웠다. 2시간 만에 아빠가 와서 택시 타고 호텔로 갔다. 다음 날은 아빠랑 택시 타고 피라미드를 보러 갔다. 입구에서 마차를 타고 피라미드 근처에서 내렸다. 낙타를 타고 사진을 찍었는데 모로코에서 탄 낙타보다 커서 무서웠다. 다시 마차를 타고 피라미드 바로 앞까지 갔다. 가까이서 보니 돌이 엄청 컸다. 만져 보니 딱딱하고 신기했다. 호텔에 돌아와서 아빠랑 수영장에서 놀았다. 다음 날은 박물관에 갔는데 사람이 엄청 많았다. 들어가니 5천 년 된 조각과 보물들이 엄청 많이 있었다. 투탕카멘 가면 보는 곳에 사람들이 제일 많이 있었다. 엄청 오래전에 죽은 미라도 봤다. 미라도 아주 많이 있었고, 어린이 미라도 있었다. 신기했다. 이집트는 신기한 유물이 많은 것 같았다.

#79

아랍에미리트-두바이(Dubai),
실망하고 또 실망해도 기다리면 좋은 날이 온다

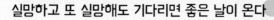

카이로 공항에 압수된 드론을 찾아야 하는데 두바이에서도 드론을 가져
가면 안 되는지 걱정이 돼 영사관에 전화했다. 한국인 여행자인데 이집트
에서 드론이 압수되고 조사를 받아서 걱정돼 물어본다고 사정을 말했다.
두바이도 드론 관련 규제가 있냐고 물으니 영사관 직원이 잘 모르는 눈치
였다. 10분 뒤에 다시 전화하면 알아보고 알려 준다고 해 10분 뒤에 전화하
니 두바이도 금지라고 말했다. 그래서 몇 가지 질문을 더 해 보니 무언가
확실하지 않은 듯한 말투여서 인터넷으로 여기저기 검색해 봤다.

정확하게 '아랍에미리트는 드론 반입 금지 국가'란 말은 나오지 않았
다. 그래서 그대로 짐을 찾아 두바이 공항에 내렸다. 입국장에서 여권을
주니 심사장에 있는 직원이 째려보며 내 여권을 바닥에 던졌다. 나는 정
중하게 왜 그러냐 물으니 대답은 하지 않고 뒤로 가라고 짜증을 냈다. 이
유를 알아야 할 것 같아 옆에 직원에게 정중하게 다시 물었다. 옆에 있던
직원도 나를 조롱하는 눈빛으로 보며 "여권을 넣어 놓은 투명 케이스를
벗겨야 한다."라고 말했다. 그럼 그렇게 말하면 바로 벗겨 줄 텐데 그게

그렇게 째려보며 집어 던질 일인지 따져 묻고 싶었지만, 꾹 참고 여권을 주워 다시 원래 직원에게 줬다. 그랬더니 인상을 쓰고는 마지못해 도장을 찍어 줬다.

"태풍아, 진짜 이런 생각은 하면 안 되는데 여기도 꽝이다."

"응? 뭐가?"

"응, 아냐."

▲ 세계 최고층 빌딩 부르즈 할리파(162층, 829m,)

여권을 찾고 긴장된 마음으로 세관을 지나는데 아무도 질문을 하지 않았다. 그래서 그냥 짐을 찾아 호텔로 와서 저녁을 먹었다. 다음 날 나는 세계에서 가장 높은 건물로 유명한 부르즈 할리파 건물로 가서 가장 높은 층까지 올라갈까 고민했지만, 비용이 너무 비싸기도 하고 이왕이면 건물을 직접 보여 주는 게 더 나을 것 같아 바로 옆에 있는 또 다른 고층 건물 전망대로 올라갔다.

"태풍아, 우리 보드게임 할 때 많이 본 두바이 랜드마크야. 기억나지?"

"응, 와~ 진짜 높네. 그런데 아빠, 여기도 높아서 아래 보니까 무서운데."

"이쪽으로 가 보자. 여기는 바닥을 직접 볼 수 있어."

"안 돼, 나 고소공포증 있어."

"아냐, 괜찮아. 아빠가 손 꼭 잡고 있을게. 용감하게 한번 가 보자."

아들과 부르즈 할리파 건물을 보고 이번엔 세계에서 가장 큰 쇼핑몰인 두바이몰로 갔다. 1,200개의 매장이 있는 세계에서 가장 큰 쇼핑몰이라더니 정말로 규모가 어마어마했다. 한참 돌아도 다 보려면 하루는커녕 며칠이 걸릴 것 같았다. 우리는 부르즈 할리파가 잘 보이는 식당으로 가서 점심을 맛있게 먹었다.

"태풍아, 바깥은 더우니까 점심 먹고 여기 안에서 구경하자."

"응, 나도 보고 싶은 거 있어."

점심을 먹고 매장을 이곳저곳 구경하는데 종류별로 다양하기도 하고 정말로 쇼핑을 좋아하는 사람들에겐 천국이었다. 그런데 그 순간, 우리가 들어간 전자제품 매장에서 드론을 판매하고 있었다.

"태풍아, 아빠가 여기 오기 전에 혹시나 걱정돼서 한국 영사관에 전화해 봤는데 두바이도 드론을 갖고 오면 안 된다고 그랬었거든. 그런데 그 사람 말이 확실하지 않아서 아빠가 그냥 갖고 왔는데. 여기 쇼핑몰에 드론을 팔고 있는데?"

"진짜네. 히히."

아들과 한참 웃고는 다시 다른 곳으로 가려는데 아들이 계속 한쪽 주변을 왔다 갔다 했다.

"태풍이 그거 갖고 싶어?"

"아니, 그냥 보는 거야. 한국에 없는 거 같아서."

아들 얼굴을 보니 갖고 싶은데 비싸 보여 말하지 못하는 것 같았다.

"태풍아, 그만 보고 아빠랑 다른 데도 한번 가 보자."

나는 인터넷을 검색해 아들이 좋아할 만한 매장을 찾아 그쪽으로 걸어갔다.

"아빠, 여기 들어가 보자. 와~ 처음 보는 카드네?"

"태풍아, 아빠가 안 그래도 한국 가면 선물 하나 해 주려고 했거든. 여행하면서 고생하기도 하고 기특하기도 해서. 여기서 하나 사 줄 테니까 골라 봐."

"진짜? 음…. 그럼 이거 해도 될까?"

아들은 대충 보기에도 비싸 보이는 캐릭터 카드를 들고 내 눈치를 봤다.

"그거 갖고 싶어? 그럼 그거 해."

"진짜? 아빠, 고맙습니다."

가벼운 발걸음으로 나와서 걷는데 아들이 말했다.

"아빠, 우리 이따가 분수 쇼 보고 갈까?"

"네가 그거 안 본다며? 일찍 들어가서 저녁 먹고 쉬고 싶다며?"

"에이~ 아빠, 나도 선물하려고 하지. 아빠는 그거 보고 싶지?"

"당연하지. 아빠가 보고 싶기도 하지만, 아빠는 태풍이 보여 주고 싶어서. 여기 분수 쇼가 세계 3대 분수 쇼래. 엄청 예쁘대."

"그래, 그럼 보고 가자. 나도 선물하는 거다~"

우리는 시간에 맞춰 분수대를 볼 수 있는 가장 앞에 자리 잡고 서서 기다렸다. 그런데 분수 쇼가 예정된 저녁 6시가 지났는데 시작도 안 하고 안내 방송도 하지 않았다. 바닥에 앉아서 게임을 하는 아들에게 물었다.

"태풍아, 왜 시작을 안 하지? 그냥 갈까?"

"아냐, 조금만 더 기다리지 뭐."

다행히 아들은 기분이 좋은지 마음 씀씀이가 대장부가 되어 있었다. 그런데 저녁 7시가 됐는데도 시작할 기미가 보이지 않았다. 이제는 나도 오기가 생겼다.

"태풍아, 힘들거나 배고프면 말해."

"아직 괜찮아."

'아! 7시 30분까지만 기다리고 안 하면 가야지.'라고 생각했다. 그런데 7시 30분이 됐는데도 조용해 이제 자리를 뜨려는데 갑자기 음악이 나오며 부르즈 할리파 위로 조명이 켜졌다. 그래서 한숨을 깊게 쉬고 다시 자리를 지키는데 잠깐 음악이 나오다 꺼지고는 또 감감무소식이다. 이제는 도저히 안 되겠다 싶어서 말했다.

"태풍아, 안 되겠다. 그냥 가자."

"아휴, 힘들어. 이젠 진짜 가자."

그런데 바닥에 앉아 있던 아들이 자리에서 일어나자 갑자기 분수가 솟구치며 노래가 흘러나왔다. 가사 내용은 알 수 없었지만, 중국 노래인 것 같았다. 남자 가수의 음색이 남자인 내게도 아주 달콤했고, 분수 쇼는 부르즈 할리파 위로 쏘아 올린 조명과 어울려 아주 환상적이었다. 지금껏 본 어떤 분수 쇼와 불꽃 축제보다도 아름다웠다.

"태풍아, 진짜 예쁘다."

"응, 아빠! 그래도 기다린 보람이 있네."

나는 지금까지 한 우리의 여행을 축하해 준다는 기분이 들어 더 감격스러웠다. 입국 때부터 불친절하고, 분수 쇼 시간도 안 지켜 사실 실망감을 느끼려던 찰나에 환상적인 분수 쇼를 보니 누군가 내 귓속에 그런 말을 하는 것 같았다.

"기다려! 기다리면 좋은 날 온다!"

▲ 두바이 분수쇼

돼지 아빠와 원숭이 아들의 흰둥이랑 지구 한 바퀴

태풍이 일기

아빠랑 두바이 랜드마크를 보러 호텔에서 나왔는데 마트 앞에 람보르기니가 있었다. 두바이는 부자가 많아서 이런 차가 많다고 했다. 랜드마크까지는 가까워서 아빠랑 걸어 가는데 길을 건널 수가 없었다. 횡단보도도 없고 육교도 없어서 한참을 걷다 포기하고 택시를 탔다. 건물에 도착해서 엘리베이터를 타고 53층까지 올라갔다. 210m나 올라왔는데 앞에 보이는 부르즈 할리파는 훨씬 더 컸다. 신기했다. 아빠랑 두바이몰에 갔는데 가게가 1,200개나 있다고 했다. 두바이는 다 큰 거 같다. 아빠랑 양갈비를 맛있게 먹고 쇼핑을 하다 아빠가 선물을 사 주셨다. 내가 갖고 싶었던 포켓몬 카드였다. 나는 너무 신났다. 아빠랑 저녁에 분수 쇼를 보는데 시간을 안 지켜서 한참 기다렸다. 그래도 마지막에 분수 쇼를 봤는데 엄청 신기하고 예뻤다.

#80

 우즈베키스탄-타슈켄트(Tashkent),
실크로드의 오아시스에 핀 조선의 들꽃

이제 우리 여행의 마지막 나라인 우즈베키스탄에 도착했다. 타슈켄트 공항에 내려서 짐을 찾는데 수화물 찾는 곳 벽에 드론 그림이 그려져 있었다. 본능적으로 직감하고 짐을 찾아 자진해서 세관으로 갔다.

"제 짐 중에 드론이 있는데요."

"이쪽으로 오세요."

직원을 따라가서 간단하게 확인서를 한 장 쓰고 드론과 공항 보관증을 교환해 공항 밖으로 나왔다. 우리는 호텔에 도착해 짐을 풀고 바로 저녁을 먹으러 나왔다. 그동안 여행하며 고생한 아들에게 10시간이 넘는 장거리 비행은 피곤할 것 같아 유럽에서 중간에 쉬었다 갈 수 있는 나라를 고민했었다. 그래서 한국까지 '비행시간이 길지 않은 지역'에 있으면서, 그동안 모은 '항공사 마일리지를 쓸 수 있는 공항'을 찾다가 국적기 운항이 자주 있는 타슈켄트에 오게 된 것이다. 그런데 타슈켄트는 생각보다 국적기 취항 편수가 많아서 내심 궁금했었다.

나는 호텔 근처에서 저녁 먹을 식당을 찾다 한국 식당이 많은 것을 알게 되었고, 그중 가까운 곳에 있는 한국 식당으로 갔다. 그곳은 타슈켄트에 오신 지 20년 가까이 된 한국 여자분이 운영하는 곳이었다. 그분과 얘기하며 우즈베키스탄에 한국 기업이 많이 진출해 있고, 그래서 한국인 상대로 하는 식당이나 업체도 많고, 직항 노선이 많다는 걸 알 수 있었다.

다음 날 우리는 초르수 시장이라는 대형 실내 재래시장에 갔다.

▲ 초르수 시장

▲ 초르수 시장 내부

우즈베키스탄이 TV에 나오면 제일 먼저 나오는 곳으로 아주 큰 재래시장이었다. 사실 이곳에 오기 전 나는 우즈베키스탄을 사막이나 초원지대로 생각했었는데, 타슈켄트는 도심지에도 나무가 우거지고 생각보다 거리와 건물이 깔끔했다.

▼ 아름다운 미노르 모스크

물론, 직전에 들른 도시가 아프리카와 중동 지역에 있다 보니 초록색이 눈에 더 와닿아서 그런 것도 있었을 것이다. 아들과 노심지에 있는 놀이공원에 가서 각종 놀이기구와 오리 배를 타고 즐겁게 놀았다.

▲ 타슈켄트 시내의 훌륭한 공원　　▲ 재밌게 노는 아들　　▲ 호수에서 자전거 배 타기

"태풍아, 이제 우리 마지막 여행지야. 재밌게 놀자."

"응, 아빠! 여기 우즈베키스탄 엄청 좋은 거 같아. 아이스크림도 싸고."

"그래, 물가도 싸고 아빠는 특히 거리에 나무가 많아서 좋다."

"응, 이제 우리 여행도 마지막이라니. 흑흑."

다음 날, 이제 오늘은 인천행 비행기를 타는 날이다. 아들과 마지막 여행지인 타슈켄트 외곽에 있는 '꾸일륙(Qo'yliq) 시장'으로 향했다. 꾸일륙 시장은 과거 연해주 지역에 살던 고려인들이 소련에 의해 강제로 우즈베키스탄으로 이주해 조성한 시장이었다. '꾸일륙'은 916이란 뜻으로 그때 고려인들이 이곳에 내렸을 때 기차역 번호가 916번이어서 그렇게 이름이 지어졌다고 했다.

도착해 보니 우리나라 시골의 재래시장 같았지만 크기는 생각보다 상당히 컸다. 오히려 타슈켄트의 상징 초르수 시장보다 더 커 보였다. 교민들 말에 따르면, 초르수 시장은 우즈베키스탄 현지인들의 시장이고, 이곳 꾸일륙 시장은 고려인들이 만들어서 커진 고려인들의 시장이라고 했다. 그래서 이곳은 한국의 음식 재료를 대부분 다 구할 수 있다고 했다. 아들과 이곳저곳 돌아다녀 보니 정말로 한국인처럼 보이는 사람들이 많이 있었고, 김치 같은 식품을 파는 곳도 많이 보였다.

▲ 고려인이 만든 꾸일륙 시장　　　　　▲ 꾸일륙 시장 내부

"태풍아, 여기는 옛날에 일본 사람을 피해서 러시아 지역에 살던 고려인들이 강제로 이쪽으로 옮겨 와서 만든 시장이래. 그래서 꾸일육이 우리말 916이래."

"그래? 진짜 한국 사람처럼 생긴 사람이 많네."

과거 실크로드가 번성하던 시절에 우즈베키스탄은 사막을 지나 만나는 오아시스로 여겨졌다고 하던데, 고려인들에게는 아픔을 이겨 내고 억척같이 살아서 버텨야만 했던 도시가 아니었을까? 그래서 이곳 꾸일륙 시장은 그런 오아시스에 핀 잡초, 아니 들꽃 같다는 생각이 들었다.

저녁이 돼 짐을 모두 챙겨 아들과 타슈켄트 공항으로 갔다. 세관으로부터 드론을 돌려받고 아들과 비행기에 탑승했다.

"와~ 아빠, 이거 우리 자리야? 왜 이렇게 좋아?"

"아빠가 태풍이 그동안 고생해서 이번에는 편하게 가라고 힘들게 예약한 거야. 좋지?"

"응, 와~ 너무 좋다. 어? 이거 뒤로 눕혀지는 거네? 와~ 신기해."

"그래, 다리 쭉 뻗고 누워서 갈 수도 있어."

"와~ 진짜네? 회장님 같다. 에헴~"

입이 귀에 걸린 아들과 6시간 30분 만에 인천에 도착했다.

▲ 편한 좌석에 회장님 된 거 같다는 아들　　　　▲ 타슈켄트 야경

"태풍아, 드디어 도착했다. 우리 여행 대성공!"

그러자 아들이 어른스럽게 말했다.

"아빠, 대한민국이 최고야~ 프랑스, 이탈리아보다 우리나라가 제일이야!"

▲ 2023년 4월 14일 인천공항 도착

에필로그

나는 작년 러시아 블라디보스토크에서부터 올해 그리스 아테네까지 자동차로 여행하며 항상 출발할 때마다 흰둥이 스피커에서 같은 노래를 크게 재생했었다.

"태풍아, 안전벨트 맸지?"
"응. 당연하지, 아빠!"
"그럼 출발한다. 오늘 가는 곳은 프랑스 파리야!"
"OK~"
빰빰빰빰! 빰빰빰빰 빰빰!

지금은 아직 아들이 어려서 함께 여행한 기억이 차츰 잊히겠지만, 아빠와 여행을 출발할 때의 그 기분은 뇌리에 남겨 놓고 싶어 항상 루틴처럼 이 노래를 들었었다.
그래서 지금은 아들도 이 노래가 나오면 따라 흥얼거리며 어디론가 출발할 때임을 알고 있는 우리 부자를 가슴 설레게 하는 노래.

그 노래는 바로 영국의 록 그룹 'Cold Play'의 〈Viva la Vida(인생이여 영원하라)〉였다.

(전주)

뺨뺨뺨뺨 뺨뺨뺨 뺨뺨

뺨뺨뺨뺨 뺨뺨뺨 뺨뺨

오오오오오~ 오오오~ 오오~

오오오오오~ 오오오~ 오오~

우리 부자는 당분간 국내 위주로 여행해 3년 이내에 우리나라 200여 개의 지자체를 다 가 보려고 한다. 그리고 3년 뒤 다시 이 노래를 들으며 앵커리지부터 우수아이아까지 내려갔다가 다시 뉴욕으로 아메리카 대륙을 종단할 계획이다.

하루빨리 이 노래를 들으며 다시 가슴이 뛰는 걸 느끼고 싶다.

"태풍아, 출발하자!"

돼지 아빠와 원숭이 아들의 흰둥이랑 지구 한 바퀴

1판 2쇄 발행 2023년 12월 20일
지은이 오영식, 오태풍

교정 주현강 **편집** 윤혜원 **마케팅·지원** 김혜지
펴낸곳 (주)하움출판사 **펴낸이** 문현광

이메일 haum1000@naver.com **홈페이지** haum.kr
블로그 blog.naver.com/haum1000 **인스타** @haum1007

ISBN 979-11-6440-409-4(03980)

좋은 책을 만들겠습니다.
하움출판사는 독자 여러분의 의견에 항상 귀 기울이고 있습니다.
파본은 구입처에서 교환해 드립니다.